西北地区生态环境与作物长势遥感监测丛书

西北地区冬小麦长势遥感监测

常庆瑞　李粉玲　田明璐　著

U0296562

科学出版社

北　京

内 容 简 介

遥感技术是精确获取农田环境和农作物长势信息的现代手段。本书针对西北地区主要粮食作物冬小麦，依据田间试验，将试验观测数据与地面高光谱影像、无人机高光谱影像和卫星多光谱影像等多源遥感数据相结合，进行冬小麦叶片、冠层和地块尺度的长势监测。主要内容包括：冬小麦长势遥感监测试验设计与数据测定、处理方法，冬小麦理化参数及其高光谱特性分析，叶绿素、花青素、含水量、叶面积指数、大量营养元素含量的地面高光谱估算模型和 UHD 高光谱影像遥感反演，叶绿素和花青素的 SOC 高光谱建模与填图，多光谱卫星数据的冬小麦叶片叶绿素和氮含量估算与遥感制图。

本书可供从事遥感、农业科学、地球科学、资源环境等学科领域的科技工作者使用，也可供高等院校农学、资源环境、地理学和遥感技术专业的师生参考。

图书在版编目（CIP）数据

西北地区冬小麦长势遥感监测／常庆瑞，李粉玲，田明璐著 . —北京：科学出版社，2018.6

（西北地区生态环境与作物长势遥感监测丛书）

ISBN 978-7-03-057613-2

Ⅰ . ①西… Ⅱ . ①常… ②李… ③田… Ⅲ . ①环境遥感–应用–冬小麦–生长势–研究–西北地区 Ⅳ . ①S512.1

中国版本图书馆 CIP 数据核字（2018）第 119740 号

责任编辑：李轶冰／责任校对：彭 涛
责任印制：张 伟／封面设计：无极书装

科学出版社 出版
北京东黄城根北街 16 号
邮政编码：100717
http://www.sciencep.com

北京建宏印刷有限公司 印刷
科学出版社发行 各地新华书店经销

*

2018 年 6 月第 一 版 开本：720×1000 1/16
2018 年 6 月第一次印刷 印张：14 3/4
字数：300 000

定价：158.00 元
（如有印装质量问题，我社负责调换）

前　言

　　西北农林科技大学"土地资源与空间信息技术"研究团队从20世纪80年代开始进行遥感与地理信息科学在农业领域的应用研究。早期主要进行农业资源调查评价，土壤和土地利用调查制图。90年代到21世纪初，重点开展了水土流失调查、土地荒漠化动态监测，土地覆盖/变化及其环境效益评价。最近10多年，随着遥感技术的快速发展和应用领域的深入推广，研究团队在保持已有研究特色基础上，紧密结合国家需求和学科发展，重点开展生态环境信息精准获取与植被（重点是农作物）长势遥感监测研究工作，对黄土高原生态环境和西北地区主要农作物——小麦、玉米、水稻、油菜和棉花等作物生长状况的遥感监测原理、方法和技术体系进行系统研究，取得一系列具有国内领先水平的科技成果。

　　本书是研究团队在冬小麦生长状况遥感监测领域多年工作的集成。先后受到国家高技术研究发展计划（863计划）课题"作物生长信息的数字化获取与解析技术"（2013AA102401，2013~2017年）、国家科技支撑计划课题"旱区多遥感平台农田信息精准获取技术集成与应用"（2012BAH29B04，2012~2014年）、国家自然科学基金项目"机-地耦合的冬小麦氮营养指数（NNI）遥感反演理论与方法"（41701398，2018~2020年）、高等学校博士学科点专项科研基金项目"渭河流域农田土壤环境与作物营养状况遥感监测原理与方法"（20120204110013，2013~2015年）等项目的资助。

　　本书在这些项目研究成果的基础上，总结、凝练了研究团队相关研究生学位论文和多篇公开发表的学术论文，由常庆瑞、李粉玲、田明璐撰写而成。内容以西北地区主要粮食作物冬小麦生长状况监测为核心，根据田间试验和遥感观测数据，将冬小麦生长过程的生理生化参数与光谱反射率、地面高光谱影像、无人机高光谱影像和卫星多光谱影像等多源遥感数据相结合，对冬小麦叶片、冠层和地块尺度等不同层次生长状况的光谱特征、敏感波段及其光谱参数、建模方法进行了系统论述。第1章：冬小麦遥感监测试验设计与方法。概括介绍田间试验方案设计，生理生化参数和生态环境测定的内容、仪器设备和方法，遥感信息采集的类型、方法、仪器设备，光谱与图像数据处理、特征参数提取、模型构建和精度检验方法。第2章：冬小麦理化参数及其高光谱特征。系统分析了冬小麦生长发育过程中色素含量、叶面积指数、氮磷钾含量的变化及其叶片和冠层光谱特征。

第3~第8章：冬小麦叶绿素含量、花青素含量、叶面积指数、叶片氮含量、植株氮磷钾元素含量和植株含水量高光谱估算。在分析各生理生化指标与光谱及其特征参数相关性的基础上，应用不同数学方法，经过模型精度检验和误差比较，分别构建叶绿素含量、花青素含量、叶面积指数、叶片氮含量、植株氮磷钾元素含量和植株含水量的高光谱估算模型。第9~第12章：高光谱影像和多光谱影像冬小麦色素含量、叶面积指数和氮磷钾含量遥感反演。系统分析了冬小麦生长发育过程中，地面高光谱影像（SOC高光谱成像仪影像）、无人机高光谱影像（Cubert UHD185成像光谱仪影像）和高分1号卫星多光谱影像的波谱特征和响应能力，基于遥感影像特征光谱参数，进行地块和区域尺度的冬小麦色素含量、叶面积指数和氮磷钾含量的估算模型构建以及冬小麦生长状况遥感反演制图。

本书由常庆瑞主持组织编写，负责总体设计和任务分解。各章执笔人如下。前言，常庆瑞；第1章，常庆瑞、田明璐、李粉玲；第2章，田明璐、常庆瑞；第3章，田明璐、李粉玲；第4章，田明璐、常庆瑞；第5章，田明璐、常庆瑞；第六章，李粉玲、常庆瑞；第7章，常庆瑞、田明璐；第8章，李粉玲、田明璐；第9章，田明璐、常庆瑞；第10章，田明璐、常庆瑞；第11章，李粉玲、田明璐；第12章，李粉玲、常庆瑞。参考的研究生学位论文主要如下。博士学位论文，田明璐《西北地区冬小麦生长状况高光谱遥感监测研究》（2017年）；李粉玲《关中地区冬小麦叶片氮素高光谱数据与卫星影像定量估算研究》（2016年）；郝雅珺《基于长期定位试验的土壤及冬小麦的高光谱响应特征》（2015年）。硕士学位论文，罗丹《基于高光谱遥感的冬小麦氮素营养指标监测研究》（2017年）；殷紫《不同生育期冬小麦生理生化参数高光谱估算研究》（2016年）；刘淼《不同营养水平冬小麦长势高光谱遥感监测》（2016年）；尚艳《不同氮水平下冬小麦冠层光谱特征及其与农学参数关系研究》（2015年）。

参加本书基础工作的团队成员如下。作者，常庆瑞、李粉玲、田明璐；研究团队成员，刘梦云、齐雁冰、高义民、陈涛、刘京；博士研究生，谢宝妮、赵业婷、申健、秦占飞、郝雅珺、刘秀英、宋荣杰、王力、郝红科、班松涛、蔚霖、黄勇、塔娜、落莉莉；硕士研究生，刘海飞、马文勇、刘钊、王路明、白雪娇、郝雅珺、班松涛、张昳、侯浩、姜悦、刘林、李志鹏、孙梨萍、章曼、刘佳歧、张晓华、尚艳、王晓星、袁媛、楚万林、王力、刘淼、于洋、高雨茜、解飞、马文君、殷紫、严林、李媛媛、孙勃岩、罗丹、王烁、李松、余蛟洋、由明明、张卓然、落莉莉、武旭梅、王琦、徐晓霞、郑煜、杨景、王婷婷、齐璐、唐启敏、王伟东、陈澜、张瑞、吴文强、高一帆、康钦俊。在近10年的田间试验、野外观测、室内化验、数据处理、资料整理、报告编写和论文撰写过程中，全体团队成员和研究生风餐露宿、挥汗如雨、忘我工作、无怨无悔。在本书出版之际，对于他们的辛勤劳动和无私奉献表示衷心的感谢！

　　由于作者学术水平有限，加之遥感技术发展日新月异，新理论、新方法、新技术和新设备不断涌现，书中难免存在谬误和不足之处，敬请广大读者和学界同仁批评指正，并予以谅解！

作　者

2018 年 5 月

目　　录

第1章　冬小麦遥感监测试验设计与方法

1.1　试 验 设 计

1.1.1　研究区概况

根据项目研究内容需要，分别在陕西省咸阳市杨陵区西北农林科技大学实验农场（东经108°10′，北纬34°14′）和陕西省咸阳市乾县梁山乡齐南村（东经108°07′，北纬34°38′）设置了田间试验。

杨陵区地处关中平原中部，北靠渭北黄土台塬，南与秦岭隔渭河相望，由渭河北岸1~3级河流阶地组成，地势较为平坦，属于典型的河谷盆地地貌类型。西北农林科技大学实验农场研究区位于杨陵区北部的第3级阶地，海拔为510~520m，地面平整开阔。该地区属于暖温带半湿润大陆性季风气候，年平均气温为12.9℃，年日照时数为2163.8h，太阳总辐射为114.86kcal①/cm²；多年平均降水量为635.1mm，降水量年内分布不均，主要集中在7~9月，冬春两季降水量少，干旱为该区内主要的气象灾害。该区内土壤以土垫旱耕人为土为主，土层深厚，土壤肥力较高。农作物一年两熟，主要种植作物为冬小麦、油菜和玉米。

乾县地处黄土高原与关中平原的过渡地带，北倚渭北土石山地，南接渭河3级阶地，地貌类型由南部的渭河河谷平原与北部的黄土台塬两部分组成。齐南村研究区位于北部的黄土台塬区，海拔为930~960m，地面波状起伏，沟壑纵横，地形破碎，水土流失较为严重，是典型的黄土台塬沟壑区。该区属于暖温带大陆性半湿润偏旱季风气候，年平均气温为13.1℃。年日照时数为2075h，太阳总辐射为115.55kcal/cm²。多年平均降水量为595.1mm，年蒸发量约为1400mm。冬春两季干旱频发，亦常有夏旱伏旱，9月、10月两个月为主要降水季，伴随大风冰雹等极端天气。研究区内土壤以石灰干润雏形土为主，土层深厚，土壤肥力较低。作物熟制为一年一熟，主要粮食作物为冬小麦或春玉米。

---

① 1cal=4.1868J。

1.1.2　田间试验设计

乾县梁山乡齐南村研究区田间试验设计：供试冬小麦品种为小偃 22。试验设计氮（N）、磷（P）、钾（K）3 种养分处理，6 个施肥水平，每个水平设置 2 个重复。氮肥标准施入量为 150kg/hm^2，施肥梯度为不施氮、1/4 标准氮（严重缺氮）、1/2 标准氮（缺氮）、3/4 标准氮（少量缺氮）、标准氮（适宜氮）和 5/4 标准氮（过量氮），分别记作 N_0、N_1、N_2、N_3、N_4、N_5，肥源为尿素。磷肥处理与钾肥处理均施纯氮 75 kg/hm^2，养分试验设置梯度与氮肥相同。磷肥试验 6 个梯度记为 P_0、P_1、P_2、P_3、P_4、P_5，磷肥标准量为 90kg/hm^2，肥源为过磷酸钙。钾肥试验标准钾肥施入量为 60kg/hm^2，施肥梯度记作 K_0、K_1、K_2、K_3、K_4、K_5，配施肥料硫酸钾。各肥料作为底肥一次性施入。共计 36 个试验小区，每个小区面积为 6m×10m = 60m^2。同时，选择 4 个面积分别为 400～500m^2 的地块，设置施用氮肥 0kg/hm^2、50kg/hm^2、100kg/hm^2 和 150kg/hm^2 4 个处理水平的大地块田间试验。田间试验的生产管理按当地农民普通生产管理方式进行。

西北农林科技大学实验农场研究区田间试验设计：主要开展氮、磷两种施肥处理下冬小麦生长监测试验。共设 20 个试验小区，每个小区面积为 5.5m×6m = 33m^2，行间距为 20cm，供试品种为小偃 22。试验设计氮、磷 2 种养分处理，分别设置 5 个施肥梯度（不施肥、1/4 标准肥、1/2 标准肥、标准肥和 5/4 标准肥），每个梯度设置 2 个重复。其中，氮处理小区氮肥标准施入量为 120kg/hm^2，肥源为尿素；磷处理小区磷肥标准施入量为 60kg/hm^2，肥源为过磷酸钙。氮肥试验梯度记作 N_0、N_1、N_2、N_3、N_4。磷肥试验梯度记为 P_0、P_1、P_2、P_3、P_4。各肥料作为底肥一次性施入。田间试验生产管理按当地农民普通生产管理方式进行。

1.1.3　大田试验设计

2014 年在杨陵区揉谷镇（16 个试验地块）、扶风县召公镇巨良农场（18 个试验地块）和扶风县杏林镇马席村（5 个试验地块）进行冬小麦长势大田观测试验，地块最小面积为 500m^2，种植品种、密度、施肥、管理等措施完全由农民按照当地常规小麦种植方式进行，主要小麦品种为西农 985、陕麦 139 和小偃 22。

1.1.4 田间观测项目和时间设计

2014～2016 年连续 3 年对冬小麦开展不同尺度下的田间观测和样品采集。按照冬小麦生长规律，在关键生育期分别对各试验区冬小麦进行田间观测采样和高光谱数据测定，具体观测时间和项目见表 1-1 和表 1-2。所选择的生育期为：①返青期，此时冬小麦分蘖完成，田内麦苗由匍匐状开始挺立，内部穗分化达二期、基部第一节未伸出地面。②拔节期，此时可见不同养分处理下的长势差异，田内 50% 冬小麦茎部第一节长出地面 2cm 左右。③孕穗—抽穗期，田内 40% 冬小麦处于孕穗期，旗叶叶片全部抽出叶鞘，幼穗明显膨大，剩余部分冬小麦进入抽穗期。此时叶面积增加，冬小麦株间未见裸露土壤。④开花期，麦穗中上部小花的内外颖张开。⑤灌浆期，开花后约 10 天左右进入灌浆期，籽粒开始沉积淀粉。冬小麦底层叶片开始变黄。⑥蜡熟期，冬小麦籽粒蜡质化，各个器官（穗、茎、叶）开始变黄，底层叶片衰老加速，逐渐脱落。⑦成熟期，此时冬小麦完全成熟，已不具备绿色植物光谱特征。

表 1-1 齐南村冬小麦高光谱遥感试验区观测项目

试验地	试验年份	观测时间	生育期	观测光谱	生理生化参数
陕西乾县齐南村	2014	3 月 25 日	返青期	田间冠层光谱	株高；株数；分蘖数；地上干、鲜生物量；叶绿素含量；花青素含量；叶面积指数；叶片干、鲜重；冬小麦叶片、植株氮、磷、钾元素含量；冬小麦产量
		4 月 10 日	拔节期	田间冠层光谱、室内叶片光谱	
		4 月 25 日	抽穗期		
		5 月 10 日	开花期		
		5 月 25 日	灌浆期		
		6 月 9 日	蜡熟期		
	2015	3 月 28 日	返青期	田间冠层光谱	
		4 月 12 日	拔节期	田间冠层光谱、室内叶片光谱、冬小麦分层叶片光谱、冬小麦植株成像光谱	
		4 月 26 日	抽穗期		
		5 月 9 日	开花期		
		5 月 23 日	灌浆期		
		6 月 9 日	蜡熟期		
	2016	4 月 12 日	拔节期	田间冠层光谱、室内叶片光谱、冬小麦分层叶片光谱、冬小麦叶片成像光谱、低空无人机高光谱影像	
		4 月 24 日	抽穗期		
		5 月 9 日	开花期		
		5 月 24 日	灌浆期		
		6 月 8 日	蜡熟期		

观测项目主要为冬小麦生理生化参数、冠层结构参数和高光谱数据。冬小麦生理生化参数具体指标有：叶片色素含量（叶绿素、花青素）、叶片氮、磷、钾含量；冠层结构参数有：叶面积指数；高光谱数据观测项目有：田间冬小麦冠层高光谱数据、冬小麦单叶高光谱数据、冬小麦分层叶片高光谱数据、冬小麦叶片高光谱影像、冬小麦植株高光谱影像和无人机冠层高光谱影像采集。

表 1-2 西北农林科技大学实验农场冬小麦高光谱遥感试验区观测项目

试验地	试验年份	观测时间	生育期	观测光谱	生理生化参数
陕西杨陵区西北农林科技大学实验农场	2014	3月10日	返青期	田间冠层光谱	株高；株数；分蘖数；地上干、鲜生物量；叶绿素含量；花青素含量；叶面积指数；叶片干、鲜重；冬小麦叶片、植株氮、磷、钾元素含量；冬小麦产量
		3月25日	拔节期	田间冠层光谱、室内叶片光谱	
		4月9日	抽穗期		
		4月25日	开花期		
		5月9日	灌浆期		
		5月25日	蜡熟期		
		6月7日	成熟收获期	田间冠层光谱	
	2015	3月14日	返青期	田间冠层光谱	
		3月29日	拔节期	田间冠层光谱、室内叶片光谱、冬小麦分层叶片光谱、冬小麦植株成像光谱	
		4月13日	抽穗期		
		4月25日	开花期		
		5月11日	灌浆期		
		5月26日	蜡熟期		
		6月8日	成熟收获期	田间冠层光谱	
	2016	3月13日	返青期	田间冠层光谱	
		3月28日	拔节期	田间冠层光谱、室内叶片光谱、冬小麦分层叶片光谱、冬小麦叶片成像光谱、低空无人机高光谱影像	
		4月14日	抽穗期		
		4月28日	开花期		
		5月16日	灌浆期		
		5月30日	蜡熟期		

1.2 冬小麦叶片和冠层光谱及其图像信息采集

1.2.1 非成像高光谱信息采集

冬小麦叶片和冠层非成像高光谱数据通过美国 Spectra Viata 公司开发的 SVC

HR-1024i（简称 SVC）地物光谱仪获取。SVC 是一种常规便携式非成像全光谱地物波谱仪，可获取目标地物在 350～2500nm 波长内 1024 个波段的光谱数据，其中 350～1000nm 波段内光谱分辨率≤3.5nm，采样间隔为 1.5nm；1000～1850nm 波段内光谱分辨率≤9.5nm，采样间隔为 1.5nm；1850～2500nm 波段内光谱分辨率为 6.5nm，采样间隔为 2.5nm。

1.2.1.1 叶片光谱数据

将采集回来的新鲜叶片置于放有冰袋的保鲜盒中迅速带回实验室进行光谱测量，使用 SVC 叶片光谱探测装置获取冬小麦叶片光谱。该探测装置内置卤钨灯，每次测量前均通过标准反射板进行光谱校正。测量时避开冬小麦中心叶脉部位，将冬小麦叶片正面朝上放置探测器中，选取冬小麦叶片上、中、下 3 个部位，每个部位上各测 2 个点，每点处测量 5 条光谱，最终取其平均值作为冬小麦叶片光谱值。

1.2.1.2 冠层光谱数据

冬小麦冠层光谱采集在田间进行，光谱采集时要求天气晴朗、无风无云。测定时要求太阳高度角> 45°，依据试验地实际情况测量时间定于北京时间 10:30～14:00。选用的光谱仪传感器视场角为 25°，镜头垂直向下，距冬小麦冠层垂直高度 1m。每次测量光谱前后均使用标准参考板对传感器进行校正。每个小区选取 2 个样点，每个样点范围内测量 10 条光谱。取其平均值作为样点光谱值。

1.2.2 近地成像高光谱信息采集

冬小麦近地高光谱图像采集仪器选用美国 Surface Optics 公司开发的 SOC710-VP 105 便携式可见/近红外高光谱成像光谱仪（简称 SOC）。SOC 采用内置推扫式光谱成像技术，无须外部运动平台，可在现场获取目标地物为 400～1000nm 波长内 128 个波段的高光谱图像立方体，成像速度为 23.2 s/cube[①]。SOC 高光谱图像的光谱分辨率为 4.68nm，每个波段的图像像素密度为 520pixels[②]×696pixels。所获取的高光谱图像具有图谱合一的特点，即图像上每一个像元点都包含着丰富的光谱信息，不同性质的目标点有着不同的光谱特征，兼具光谱检测和图像检测功能。测量要求：室外测量，天气晴朗、无风无云，光照稳定。使用深色支架，

---

① 1cube = 1m²。
② pixels 为像素。

通视条件良好，测量期间周边应无移动物体出现。测量人员穿着暗色衣物，测定时人员和仪器背光测量，前面不能有遮挡。测量期间测量人员和辅助人员不能有明显的移动。测量时间为北京时间 10：00 ～ 14：00。

1.2.2.1　叶片高光谱图像获取

将整片冬小麦叶片从植株上裁下，10 片为一组，平铺在黑布上，置于室外阳光下，使用 SOC 获取叶片的高光谱图像。选用 12mm 焦距镜头，镜头垂直冬小麦叶片上方，距样品高度为 0.5m。根据太阳光强度设定积分时间为 15ms，并在设定参数后进行暗电流校正。每拍摄一张高光谱影像之前，将参考板置于镜头覆盖范围内，使获取的影像中同时包含参考板和目标物。

1.2.2.2　植株高光谱图像获取

在室外阳光下，将单株冬小麦放置在黑布上，将叶片展平，使用 SOC 获取植株的高光谱图像。镜头垂直植株正上方，距样品高度为 2m。测量方法与叶片相同。

1.2.3　无人机成像高光谱信息获取

中低空尺度冬小麦冠层高光谱影像采集所使用的遥感传感器为德国 Cubert 公司研发的 Cubert UHD185 成像光谱仪（简称 UHD），是一种全画幅、非扫描式、实时成像的光谱仪。采用全画幅快照式高光谱成像技术，综合了高速相机的易用性及高光谱精度为一体，实现了快速光谱成像而不需要扫描成像（如推扫技术）。最快可在 0.1ms 内获取 450 ～ 950nm 波长内 137 个波段的高光谱影像，光谱采样间隔为 4nm，全色波段像素为 1000pixels×1000pixels，高光谱波段像素为 50pixels×50pixels。为了便于小型无人机搭载，仪器采用了轻量化设计，实现了整个平台的小型化，包括相机与光学系统在内仪器的总质量仅为 470g。在机载高光谱成像仪飞行测量时，数据可以实时传输至地面站，现场分析高光谱图像。为其搭载的遥感平台为八旋翼无人机，起飞质量为 18kg，净载荷大于 8kg，飞行速度为 0 ～ 10m/s，单组电池续航时间约为 20min。

无人机平台高光谱影像采集于 11：00 ～ 12：00 在试验田上空进行，天气晴朗无风，视野良好。无人机飞行高度为 100m，设定航速为 6m/s。UHD 镜头焦距为 25mm，镜头垂直向下，此飞行状态下，每幅影像地面覆盖范围约为 23m×23m，地面分辨率约为 2.3cm。根据太阳光强度设定积分时间为 1ms，即拍摄一张高光谱影像用时 1ms。无人机起飞之前在地面使用参考板对成像光谱仪进行辐射校正，并在镜头盖闭合的情况下进行暗电流校正。所设定的飞行路线应包含整个试验区，保证 60% 的航向重叠与 30% 的旁向重叠，并于地面设置样点标识物。

1.2.4　卫星多光谱信息获取

在采集地面小区和大田试验光谱信息的期间，同步获取研究区不同生育期的卫星多光谱数据。获取的数据主要来自 SPOT6、GF-1 和资源系列卫星。

1.3　冬小麦生物理化参数测定

1.3.1　叶片叶绿素含量测定

试验使用 SPAD-502 测量所得的 SPAD（Soil and Plant Analyzer Development）值作为冬小麦叶片叶绿素相对含量。SPAD-502 由日本农林水产省农产园艺局开发，采用光电无损检测方法快速测量植物的叶绿素含量。通过一系列试验证明，SPAD 值与植物的叶绿素含量有着极显著正相关关系，相关系数（r）可达 0.99，这表明 SPAD 值可表示叶绿素含量（Loh and Grabosky，2002；Ling et al.，2011；Uddling et al.，2007）。

1.3.2　叶片花青素含量测定

试验采用植物多酚便携式测量仪 Dualex Scientific +（Force-A，Orsay，法国）来测量冬小麦花青素含量（Anth 值），Dualex Scientific+ 是一种新型便携式植物叶片测定仪器。该仪器使用植物荧光技术实现了对植物叶片表层类黄酮和花青素含量的测量，其小巧轻便适合手持，内置 GPS（global positioning system，全球定位系统）能够精准定位，满足试验实时无损快速精准测量花青素的目的。研究表明该仪器所测 Anth 值与花青素含量极显著正相关，相关系数达 0.97，表明 Anth 值可以用于表示叶片花青素含量（Gitelson et al.，2001）。

1.3.3　植株含水量测定

与光谱测量同步，在对应测量冠层光谱的位置取样。采用烘干称重法，把采集的植株，用电子天平称鲜重。然后用烘箱在 105℃下杀青 30min，80℃下烘干

至恒温，称干重。小麦植株含水量计算公式如下

$$植株含水量 = (植株鲜重 - 植株干重)/植株鲜重 \qquad (1\text{-}1)$$

1.3.4 营养元素含量测定

冬小麦营养元素含量测量项目包括冬小麦植株和叶片的氮、磷、钾三大营养元素含量。将冬小麦每个生育期各个光谱测量样点区域的植株样本和叶片样本带回实验室，在105℃条件下杀青30min后，80℃温度下烘干粉碎处理，称取0.2g左右干样，使用全自动间断化学分析仪测量样品中全氮、全磷、全钾的质量分数。

1.3.5 叶面积指数测量

冬小麦的叶面积指数使用英国Delta公司生产的SUNSCAN冠层分析仪测定，SUNSCAN冠层分析仪通过分别测量冬小麦冠层顶部和底部的辐射值，计算出冠层光合有效辐射量，进而获得叶面积指数（leaf area index，LAI）。利用SUNSCAN冠层分析仪可获取植物冠层中的入射和投射光合有效辐射量、LAI、天顶角、穿透辐射值，其数据可自动采集，采样间隔时间为1s~24h可选，使用时间受天气条件限制较小。

在田间光谱试验的同时，同步测量冬小麦LAI。每个样点分东—西、南—北、东南—西北、西南—东北4个方位用SUNSCAN冠层分析仪分别测量4次，取其平均值作为该样点上的LAI。

1.3.6 生长状况观测

植株高度观测：在各个生育期内，每个试验小区选取20株冬小麦，用直尺测量地面到冬小麦自然状态下最高点的高度（未抽穗期最高点为顶叶弯曲处，抽穗后最高点为穗顶部），计算平均值作为该样区的冬小麦高度值。

单位面积株数测量：抽样调查各小区$1m^2$范围内株数。

分蘖数测量：在冬小麦分蘖期随机选取50株冬小麦计算分蘖数。

地上生物量测量：在冬小麦每个生育期内按试验小区采集30cm×20cm固定样方地上部分的冬小麦样本，测量其鲜重作为鲜生物量；带回实验室放入烘箱内在105℃下杀青30min，而后在80℃下烘干至恒重，称量得到干重作为干生物量。

1.4　光谱数据处理

1.4.1　高光谱数据预处理

1.4.1.1　数据异常值剔除

在冬小麦样品采集、保存、处理、光谱测量的过程中无可避免地存在人为误差，致使一些样本产生异常值，异常值的存在严重影响后续建模的稳定性和准确性，研究中需要对观测的冬小麦光谱数据和各农学参数进行异常值的识别与剔除。本试验中数据异常值的识别采用标准偏差法进行（赵业婷等，2011；田明璐，2017）。

1.4.1.2　时间标准化

冬小麦生理生化监测试验时间跨度长（2014～2016 年），每年冬小麦的生育期都略有变化，并且由于天气的原因无法保证每年同一日期进行冬小麦各生育期的观测。因此需要采用线性内插法对试验数据进行时间标准化，以减少不同日期带来的光谱差异。

1.4.1.3　光谱去噪处理

由地物光谱仪的光电探测系统采集到的光谱数字信号分为两部分：探测器对地物的响应信号和系统噪声。其中，系统噪声主要由探测系统各个组成部分工作时产生，除此之外地物光谱曲线还包含背景噪声和光谱杂音。噪声的存在给地物光谱的分析、检测、判别带来很大的干扰（陈拉，2009）。为了消除这些干扰，从地物光谱中提取出所需要的有用信息，需要对光谱存在的许多"毛刺"噪声进行平滑预处理。常见的平滑方法有：移动平均法、Savitaky-Golay（SG）卷积平滑法、中值滤波法、Gaussian（GS）滤波法、低通滤波法和小波去噪法（王瑛和莫金垣，2005；李晓飞，2009；张霞等，2016；Pande-Chhetri and Abd-Elrahman，2013）。不同的方法产生的效果不同，最佳的平滑方法就是在最大程度保持光谱特征值的原则下让光谱曲线尽可能平滑，并且平滑过后的光谱曲线对冬小麦的生理生化参量的预测度更好。根据光谱去噪自身的概念和原则对几种方法进行对比后，在试验中选择了小波去噪的方法对冬小麦光谱进行预处理。

小波去噪法原理为选用一个小波母函数 $\Psi_{j,k}(t)$ 将待处理光谱信号进行离散小波变换，将变换得到的小波系数 $\{c_{jk}\}_{j,k=1}^{x_2}$ 进行阈值选取，根据阈值选取后的系数进行信号重构，最终得到去噪后的信号（Ebadi et al.，2013）。本书依据去噪效果评判标准，最终选取的小波类型为 haar，阈值方案为 Fixed form threshold，小波层数为 5。

1.4.1.4　成像高光谱数据处理

在 SRAnal710 软件中，将获取的 SOC 原始图像转换为遥感图像处理软件 ENVI 可识别的反射率图像，并在 ENVI 中使用 ROI 工具选取所需区域的光谱。

使用与仪器配套的软件对 UHD 获取的高光谱数字影像进行辐射校正、大气校正等处理，得到反射率影像数据，在 ENVI 5.1 软件中进行解译，识别出冬小麦地块。根据地面测量对应的样点位置构建兴趣区（region of interest，ROI），以 ROI 范围内地物的平均光谱反射率值作为该样点冬小麦冠层光谱反射率。

1.4.2　高光谱数据变换

1.4.2.1　基于反射率及简单变换的参数

①全波段高光谱反射特征；②对原始光谱数据进行数学变换，扩大不同条件下的光谱曲线之间的差异，从而提升敏感波段的灵敏度，本书对原始光谱进行先求倒数后，再取对数的数学变换，记为对数光谱 $[\log(1/R)]$。

1.4.2.2　导数变换

在植被光谱分析中，导数光谱技术是应用范围最广泛的光谱曲线变换方法。导数变换方法是一种对光谱曲线进行不同阶次的导数运算的方法。其目的包含三点：一是通过不同阶数的导数运算可以消除不同程度的背景噪声；二是可以提高不同吸收特征的对比度；三是为了确定光谱弯曲点、最大值和最小值等光谱特征值。经大量研究表明一阶导数能够在光谱变化区域消除线性和二次型背景噪声；二阶导数可以消除平方项背景噪声的影响（Tsai and Philpot，1998；苏红军和杜培军，2006；刘炜等，2011a）。

由于冬小麦反射光谱数据的离散性，用光谱的差分作为光谱反射率导数的有限近似，一阶导数计算公式如下

$$R'(\lambda_i) = \frac{\mathrm{d}R(\lambda_i)}{\mathrm{d}\lambda} = \frac{R(\lambda_{i+1}) - R(\lambda_{i-1})}{2\Delta\lambda} \tag{1-2}$$

式中，λ_i 为波段 i 的波长；$R(\lambda_i)$ 为 i 波段的波段反射率；$\Delta\lambda$ 为波长 λ_{i-1} 到波

长 λ_i 的距离；$R'(\lambda_i)$ 为波长 λ_i 的一阶导数光谱值。

1.4.2.3 连续统去除

对光谱曲线进行连续统去除运算，可以获取冬小麦光谱的总体形状特征。连续统去除又被称为去包络线法，该方法于 1984 年由 Clark 和 Roush 提出（Clark and Roush，1984）。光谱曲线包络线相当于光谱曲线的"外壳"。由于光谱曲线由离散的样点组成，光谱曲线的包络线就可以用连续光滑曲线近似表示。连续统线的定义为用线段逐点连接随波长变化的吸收或反射凸出的峰值点，且折线在峰值点上的外角大于 180°，其计算公式如下

$$R^c(\lambda) = a\lambda + b \tag{1-3}$$

式中，R^c 为连续统线反射率；λ 为波长位置；a 为连续统线截距；b 为连续统线斜率。

连续统去除反射率 S_{cr} 相当于在光谱吸收位置上的反射率值除以相对应波段位置处连续统线值

$$S_{cr} = \frac{R(\lambda)}{R^c(\lambda)} \tag{1-4}$$

经连续统去除归一化后的光谱曲线吸收谷被放大，光谱曲线的吸收特征更加明显，该方法能够校正波段反射率由于波段依赖引起的位置漂移。经过连续统去除处理后的光谱曲线可以用于光谱特征分析和波段选择（Huang et al.，2004；童庆禧，2006；Rodger et al.，2012）。

1.4.3 卫星多光谱数据预处理

针对卫星数据的预处理主要包括辐射定标、大气纠正和正射纠正。辐射定标采用中国资源卫星应用中心（http://218.247.138.119/CN/Downloads/dbcs/index.shtml）提供的传感器辐射定标参数按照式（1-5）计算，将各卫星数据的多光谱波段灰度 DN 值图像转换为辐亮度图像 L。

$$L = \text{gain} \cdot \text{DN} + \text{bias} \tag{1-5}$$

式中，gain 和 bias 为多光谱波段的增益与偏置。

大气是辐射传输必经之处，大气中的分子、颗粒物等组成对辐射产生散射、反射等作用，使地面目标反射的太阳辐射和自身的地表辐射在经过大气层时发生不同程度的衰减，传感器接收到的地物辐射值不能准确反映地面目标的真实状况，引起卫星图像的辐射值畸变。大气纠正就是针对大气的消光、天空光照射和路径辐射对图像所产生的辐射畸变进行消除，获取地面目标物的真实反射率和辐射率。常用的模型大气纠正主要有 ACTOR 模型、6S 模型、LOWTRAN 模型、

MODTRAN 模型、FLAASH 等，其中 FLAASH 是目前精度最高的大气辐射校正模型，可以有效消除大气分子，如水蒸气、二氧化碳、甲烷和臭氧等对目标地物反射率的吸收影响，以及大气中的颗粒物对辐射传输造成的散射影响。本书基于中纬度标准大气模式，在 ENVI 5.0 下，利用 FLAASH 大气纠正扩展模块进行以上多光谱卫星数据的大气纠正。

正射纠正是针对卫星姿态、地表形态等因素引起的图像空间和几何畸变而进行的校正，它利用地面控制点与传感器模型相结合，确立传感器、图像和地面 3 个平台之间的关系，建立校正公式，达到纠正传感器系统误差和消除地形引起的几何畸变的目的。本书利用卫星数据的 RPC 文件和研究区 1 : 10000 地形图生成的数字高程模型（digital elevation model，DEM），在 ENVI 5.0 下对图像进行正射纠正。

1.5　光谱特征参数提取

光谱仪所获取的地物光谱信息为各波段上的反射率，以此为基础，对光谱反射率进行数据加工，得到各种类型的光谱参数，往往能够更好地反映地物的理化性质。常用到的光谱参数有基于光谱位置的特征参数、光谱曲线构成的面积特征参数、不同波段光谱组合构成的光谱指数等（童庆禧，2006；Gitelson and Merzlyak，1994；Gitelson et al.，2002a），在本书中统称为光谱参数。

1.5.1　光谱位置、面积特征参数

植物的光谱特性受到植物自身色素、水分、细胞结构和植物干物质的影响，随着植物本身生理生化性质的改变，在可见光和近红外区域特定范围内造成特定位置和面积大小的改变。在这些变化区域内可以提取基于光谱位置和面积的光谱特征参数："三边"参数（红边、蓝边、黄边）（Horler et al.，1983；Filella and Penuelas，1994；冯伟等，2008；蒋金豹等，2010；黄敬峰等，2010；宫兆宁等，2014）。

红边特征是植物叶片在红光波段对光强烈吸收和近红外波段强反射形成的植物特有的、明显区别于其他地物的光谱特征。植物红边光谱特性通常由红边位置 λ_r、红边幅值 D_r 和红边面积 S_{D_r} 三个参数表征，范围为 $680 \sim 760$nm。大量研究表明红边特征参数与植物体内色素含量、植物叶片细胞结构、植物营养元素显著相关，当植物受到外界环境胁迫或物候变化而"失绿变黄"时，光谱红边会发生蓝移（向蓝光方向移动）；当植被长势旺盛、生物量与叶面积指数增加、叶绿素含量升高时，光谱红边会发生红移（向长波方向移动）。

光谱"三边"参数通常通过光谱一阶导数得到。

红边幅值

$$D_r = \max_{680 \leq \lambda \leq 760} R'(\lambda) \qquad (1\text{-}6)$$

红边面积

$$S_{D_r} = \int_{680}^{760} R'(\lambda)\,d\lambda \qquad (1\text{-}7)$$

如果没有高光谱数据而只有非连续波段数据（卫星影像数据）时，可以用倒高斯红边光学模型（IG 模型）来模拟红边，并计算红边参数。

本书中选用的基于位置、面积的光谱特征参数见表1-3。

表 1-3　光谱位置和面积特征参数及计算公式

光谱参数	计算公式或定义
λ_r	波长 680~760nm（红边）一阶导数光谱最大值对应波长（nm）
D_r	波长 680~760nm（红边）一阶导数光谱最大值
S_{D_r}	波长 680~760nm（红边）一阶导数光谱的积分
λ_y	波长 560~640nm（黄边）一阶导数光谱最大值对应波长（nm）
D_y	波长 560~640nm（黄边）一阶导数光谱最大值
S_{D_y}	波长 560~640nm（黄边）一阶导数光谱的积分
λ_b	波长 490~530nm（蓝边）一阶导数光谱最大值对应波长（nm）
D_b	波长 490~530nm（蓝边）一阶导数光谱最大值
S_{D_b}	波长 490~530nm（蓝边）一阶导数光谱的积分
R_g	波长 510~560nm 光谱反射率最大值
S_{R_g}	波长 510~560nm 光谱曲线包围的面积
R_r	波长 650~690nm 光谱反射率最小值
R_g/R_r	绿峰反射率（R_g）与红谷反射率（R_r）的比值
$(R_g-R_r)/(R_g+R_r)$	绿峰反射率（R_g）与红谷反射率（R_r）的归一化值
S_{D_r}/S_{D_b}	红边面积（S_{D_r}）和蓝边面积（S_{D_b}）的比
S_{D_r}/S_{D_y}	红边面积（S_{D_r}）和黄边面积（S_{D_y}）的比
$(S_{D_r}-S_{D_b})/(S_{D_r}+S_{D_b})$	红边面积（S_{D_r}）和蓝边面积（S_{D_b}）的归一化值
$(S_{D_r}-S_{D_y})/(S_{D_r}+S_{D_y})$	红边面积（S_{D_r}）和黄边面积（S_{D_y}）的归一化值
Kur	峰度系数，红边一阶导数曲线的峰度
Ske	偏度系数，红边一阶导数曲线的偏度

1.5.2 吸收特征参数

连续统去除光谱反射率的大小表征了光谱吸收特性的强弱，通过连续统去除后的光谱曲线可以提取以下几个典型吸收特征（表1-4）（李粉玲和常庆瑞，2017）。

表1-4 连续统去除光谱变量

序号	变量	公式	定义
1	连续统去除反射率（S_{cr}）	R/R_c	原始光谱反射率与连续统线反射率的比值
2	吸收深度（BD）	$1-S_{cr}$	1与连续统去除反射率的差值
3	最大吸收深度（BD_{max}）	max（BD）	吸收峰中的最大吸收值，即1-最小反射值
4	吸收波段波长（P）	λ_{BD}	最大吸收深度对应的波长（nm）
5	吸收峰总面积（TA）	$\int_{\lambda_1}^{\lambda_2} BD$	连续统线的起始λ_1和终止λ_2波长内的波段深度的积分
6	吸收峰左面积（LA）	$\int_{\lambda_1}^{P} BD$	吸收波段波长P左边的吸收峰积分面积
7	吸收峰右面积（RA）	$\int_{P}^{\lambda_2} BD$	吸收波段波长P右边的吸收峰积分面积
8	对称度（S）	LA/ RA	吸收峰左面积与吸收峰右面积的比值
9	面积归一化最大吸收深度（NAD）	BD_{max}/ABD	最大吸收深度与吸收峰总面积的比值

1.5.3 常用植被指数

植被指数通过对两个或多个波段的光谱反射率进行比值、线性或非线性的运算组合，可以将多维的高光谱信息降维并压缩到一个植被指数通道，在简化光谱信息的同时突出植被特征，减弱背景信息对农作物光谱特征的影响，提高遥感反演精度。使用植被指数估算植物生理生化参数，所建立的模型计算较为简洁、快速且物理意义较为明确（梁顺林等，2013；刘良云，2014）。本书筛选出常用的植被指数（表1-5）参与冬小麦生理生化参数估算模型的构建。

表1-5 植被指数及计算公式

植被指数	计算公式或定义	文献
NDVI	$(R_{800}-R_{670})/(R_{800}+R_{670})$	Rouse 等（1973）

植被指数	计算公式或定义	文献
GNDVI	$(R_{801}-R_{550})/(R_{801}+R_{550})$	Gitelson 和 Merzlyak（1996）
DVI	$R_{NIR}-R_{Red}$	Jordan（1969）
RVI	R_{NIR}/R_{Red}	Jordan（1969）
SAVI	$1.5\times(R_{800}-R_{670})/(R_{800}-R_{670}+0.5)$	Rondeaux 等（1996）
OSAVI	$1.16\times(R_{800}-R_{670})/(R_{800}+R_{670}+0.16)$	Rondeaux 等（1996）
CARI	$(R_{700}-R_{670})-0.2(R_{700}+R_{670})$	Broge 和 Mortensen（2002）
TCARI	$3[(R_{700}-R_{670})-0.2(R_{700}-R_{550})(R_{700}/R_{670})]$	Haboudane 等（2002）
MCARI	$[(R_{700}-R_{670})-0.2(R_{700}-R_{550})](R_{700}/R_{670})$	Daughtry 等（2000）
TCARI/OSAVI	TCARI/OSAVI	Haboudane 等（2002）
MCARI/OSAVI	MCARI/OSAVI	Daughtry 等（2000）
HNDVI	$(R_{827}-R_{668})/(R_{827}+R_{668})$	Oppelt 和 Mauser（2004）
RDVI	$\sqrt{NDVI\times DVI}$	Roujean 和 Breon（1995）
MTCI	$(R_{754}-R_{709})/(R_{709}-R_{681})$	Dash 和 Curran（2004）
SIPI	$(R_{800}-R_{450})/(R_{800}+R_{450})$	Peñuelas 等（1995）
PSNDa	$(R_{800}-R_{680})/(R_{800}+R_{680})$	Blackburn（1998）
PSNDb	$(R_{800}-R_{635})/(R_{800}+R_{635})$	Blackburn（1998）
PSSRa	R_{800}/R_{680}	Blackburn（1998）
PSSRb	R_{800}/R_{635}	Blackburn（1998）
VARI$_{green}$	$(R_{560}-R_{670})/(R_{560}+R_{670}-R_{450})$	Gitelson 等（2002b）
VARI$_{red}$	$(R_{700}-1.7R_{670}+0.7R_{450})/(R_{700}+2.3R_{670}-1.3R_{450})$	Gitelson 等（2002b）
SR	R_{744}/R_{667}	Vogelmann 等（1993）
TVI	$60(R_{800}-R_{550})-100(R_{670}-R_{550})$	Broge 和 Leblanc（2000）
VOG$_1$	R_{740}/R_{720}	Vogelmann 等（1993）
VOG$_2$	$(R_{734}-R_{747})/(R_{715}+R_{726})$	Vogelmann 等（1993）
VOG$_3$	$(R_{734}-R_{747})/(R_{715}+R_{720})$	Vogelmann 等（1993）
MRESR	$(R_{750}-R_{445})/(R_{705}+R_{445})$	Datt（1999）
ARVI	$(R_{800}-R_{670})/(R_{800}+R_{670}-R_{450})$	Huete 等（1994）
NPCI	$(R_{680}-R_{430})/(R_{680}+R_{430})$	Peñuelas 等（1993）
GRVI	R_{800}/R_{550}	Gitelson 等（2002a）

续表

植被指数	计算公式或定义	文献
NLI	$(R_{NIR}^2 - R_{Red})/(R_{NIR}^2 + R_{Red})$	Goel 和 Qin（1994）
MNLI	$1.5 \times (R_{NIR}^2 - R_{Red})/(R_{NIR}^2 + R_{Red} + 0.5)$	
RNDVI	$(R_{800} - R_{670})/\sqrt{R_{800} + R_{670}}$	Wang 等（2007）
MSR	$(R_{800}/R_{670} - 1)/(\sqrt{R_{800}/R_{670}} + 1)$	Chen（1996）
NPQI	$(R_{415} - R_{435})/(R_{415} + R_{435})$	Barnes 等（1992）
IPVI	$R_{800}/(R_{800} + R_{670})$	Crippen 等（1990）
TVI1	$0.6(R_{800} - R_{550}) - (R_{670} - R_{550})$	
TVI2	$60 \times (R_{800} - R_{550}) - 100 \times (R_{670} - R_{550})$	
MTVI	$1.2 \times [1.2 \times (R_{800} - R_{550}) - 2.5 \times (R_{670} - R_{550})]$	Haboudane 等（2004）
MTVI2	$1.5 \times \dfrac{1.2 \times (R_{800} - R_{550}) - 2.5(R_{670} - R_{550})}{\sqrt{(2 \times R_{800} + 1)^2 - (6 \times R_{800} - 5 \times \sqrt{R_{670}}) - 0.5}}$	
TDVI	$1.5 \times (R_{NIR} - R_{Red})/(R_{NIR}^2 + R_{Red} + 0.5)$	Bannari 等（2002）
RENDVI	$(R_{750} - R_{705})/(R_{750} + R_{705})$	Gitelson 和 Merzlyak（1994）
MRENDVI	$(R_{750} - R_{705})/(R_{750} + R_{705} - 2 \times R_{445})$	
MCARI2	$1.5 \times \dfrac{2.5 \times (R_{800} - R_{670}) - 1.3(R_{800} - R_{550})}{\sqrt{(2 \times R_{800} + 1)^2 - (6 \times R_{800} - 5 \times \sqrt{R_{670}}) - 0.5}}$	Daughtry 等（2000）
PRI	$(R_{531} - R_{570})/(R_{570} + R_{531})$	Peñuelas 等（1995）
ARI1	$(1/R_{550}) - (1/R_{700})$	Gitelson 等（2001）
ARI2	$R_{800} \times [(1/R_{550}) - (1/R_{700})]$	
CRI1	$(1/R_{510}) - (1/R_{550})$	Gitelson 等（2002b）
CRI2	$(1/R_{510}) - (1/R_{700})$	
PSRI	$(R_{680} - R_{550})/R_{750}$	Merzlyak 等（1999）
EVI	$2.5 \times (R_{800} - R_{670})/(R_{800} + 6 \times R_{760} - 7.5 \times R_{450} + 1)$	Huete 等（1999）[①]
NDNI	$\dfrac{\log(1/R_{1510}) - \log(1/R_{1680})}{\log(1/R_{1510}) + \log(1/R_{1680})}$	Serrano 等（2002）
MSI	R_{1599}/R_{819}	Hunt 和 Rock（1989）
NDII	$(R_{819} - R_{1649})/(R_{819} + R_{1649})$	Serrano 等（2000）
NDWI	$(R_{857} - R_{1241})/(R_{857} + R_{1241})$	Gao（1996）
NMDI	$[R_{860} - (R_{1640} - R_{2130})]/[R_{860} + (R_{1640} - R_{2130})]$	Hunt 和 Rock（1989）
WBI	R_{970}/R_{900}	Peñuelas 等（1994）

注：R_{700} 表示波长为 700nm 处的光谱反射率，其他同此。

① Huete A、Justice C 和 Van Leeuwen W 于 1999 年合著的 MODIS Vegetation Index（MOD13），是 Algorithm Theoretical Basis Document。

1.5.4　特定参数敏感光谱指数

光谱曲线包含了丰富的信息，不同波段信息与地物不同要素或特征状态有着不同的相关性，为了有效提取所需要的地物特征，通常需要对光谱反射率进行各种组合运算，其目的在于增强所需要的信息，消除掉干扰信息带来的影响，从而提高信息提取精度。植被指数便是突出反映植被信息的光谱指数。传统的植被指数的构建多基于可见光区域内叶绿素吸收和近红外波段处叶片结构多次散射之间的关系，但对于农作物特定的理化指标，需要寻找更优化的、敏感度更高的光谱指数。本书从光谱指数构建机理出发，通过不同波段组合与冬小麦生理生化参数建立相关关系，寻找敏感波段，构造新型光谱指数（Chen et al.，2010；张东彦等，2013；Nguy-Robertson et al.，2014）。

常用的光谱指数使用的波段组合运算方法有差值、比值和归一化等，分别记为差值光谱指数（difference spectral index，DSI）、比值光谱指数（ratio spectral index，RSI）、归一化光谱指数（normalized difference spectral index，NDSI）。本书利用高光谱数据波段多、信息量大的优势，将全波段范围内的光谱反射率进行任意两两组合运算，构建 4 种光谱指数［式（1-8）～式（1-11）］，从中寻找对特定理化参数敏感的最优波段组合光谱指数。

$$RSI = \frac{R(i, n)}{R(j, n)} \tag{1-8}$$

$$NDSI = \frac{R(i, n) - R(j, n)}{R(i, n) + R(j, n)} \tag{1-9}$$

$$DSI = R(i, n) - R(j, n) \tag{1-10}$$

$$OSAVI = 1.16 \times [R(i, n) - R(j, n)] / [R(i, n) + R(j, n) + 0.16]$$
$$\tag{1-11}$$

式中，$R(i, n)$ 和 $R(j, n)$ 分别为任意两个波段的光谱反射率；i，j 为任意波段位置；n 的范围为光谱的波长范围。

1.5.5　连续投影算法特征波段提取

连续投影算法（successive projections algorithm，SPA）是一种从光谱信息中充分寻找含有最低限度的冗余信息的变量组的算法，该特征波段提取算法能够有效消除各波长变量之间的共线性影响，从而降低模型的复杂程度。SPA 选择的特征波长建立的模型和全波段参与建模相比，更为简洁。这是因为全波段光谱反射率含有大量与各生理生化参数无关的冗余变量，在建模过程中会在一定程度上导致模型误差增大，鲁棒性和预测性能降低。使用 SPA 对光谱进行筛选，可以剔除这些冗余变量，简化模型并提高精度（成忠等，2010；Soares et al.，2011；孙旭东等，2011；王劼等，2011）。

1.5.6　小波变换特征参数提取

小波分析是一种较新的信号处理和分析工具，它能够同时在时域和频域上对高光谱信号进行精确分解，进而有效地从信号中提取特征信息（Chang and Kuo，1993；李健等，2001；Quandt et al.，2015）。所谓小波，就是存在一个较小区域的具有衰减性的波形，将小波母函数 $\psi(t)$ 进行伸缩和平移，就可以得到窗口函数，即小波或小波基函数。小波变换认为信号可以分解为一系列由同一个母小波函数经平移和尺度伸缩得到的小波基函数的叠加（Cheng et al.，2014）。对于作物冠层高光谱信息，信号在时间域上的变换就等同于高光谱数据在光谱波段上的变换，因此小波基函数可以表达为

$$\psi_{a,b}(\lambda) = \frac{1}{\sqrt{a}}\psi\left(\frac{\lambda - b}{a}\right) \quad a, b \in R; \ a > 0; \quad \int_{-\infty}^{+\infty}\psi(\lambda)\mathrm{d}\lambda = 0 \quad (1\text{-}12)$$

式中，a 为伸缩因子；b 为平移因子；函数平均值为 0。

连续小波变换定义为信号 $f(\lambda)$ 和小波基函数的内积，其表达式如下

$$W_f(a, b) = \langle f, \psi_{a,b}\rangle = \int_{-\infty}^{+\infty}f(\lambda)\psi_{a,b}(\lambda)\mathrm{d}\lambda \quad (1\text{-}13)$$

对于连续小波变换，由于伸缩因子 a 和平移因子 b 都是实数，可以连续改变，小波变换的输出结果 $W_f(a, b)$ 被称作小波变换系数，也是连续的。连续小波变换不会改变小波系数的输出个数，始终与冠层光谱信号长度相同，由连续小波变换的模极大值可以完全重构原始冠层光谱信号，因此，存在很大的信息冗余性。

离散小波变换就是对尺度和平移的离散，离散小波变换系数 $W_{j,k}$ 就是经离散化缩放和平移后的基函数对信号 $f(\lambda)$ 近似，可以通过式（1-14）进行表达。

$$W_{j,k} = \langle f(\lambda), \phi_{j,k}(\lambda)\rangle \quad (1\text{-}14)$$

其中，小波基函数 $\phi_{j,k}(\lambda)$ 可以通过式（1-15）计算

$$\phi_{j,k}(\lambda) = 2^{\frac{-j}{2}}\phi(2^{-j}\lambda - k) \quad (1\text{-}15)$$

式中，j，k 分别为第 j 层分解和第 k 个小波系数，相对于连续小波变换，离散小波变换的尺度通常取二进序列，$a = 2，4，8，\cdots，2^p$，使计算更为高效。基于离散小波变化进行信号的多尺度分解，可以获取信号在大尺度上的最优近似信号和小尺度上的细节信号，分解后的小波系数为记录低频信号的近似系数和记录高频细节信号的细节系数。考虑到低频近似信号和高频细节信号，它们在不同的尺度

上共同反映原始信号的时频特性，因此，同时获取最佳分解尺度的近似系数和所有细节系数，并分别计算它们的能量值，作为多光谱参数的特征参数。对于多尺度离散小波变换，第 i 分解尺度的信号能量可通过下式（1-16）进行计算（Pu and Gong，2004）。

$$F_i = \sqrt{\frac{1}{K}\sum_{k=1}^{K} w_{i,k}^2} \tag{1-16}$$

式中，F_i 为第 i 分解尺度的小波能量系数；$w_{i,k}$ 为第 i 分解尺度下第 k 个小波系数；K 为每个分解尺度下的小波系数的总数目。

1.6　数据分析与建模方法

冬小麦生长状况监测试验中所涉及的数据分析和建模方法主要有：普通回归、偏最小二乘回归（partial least squares regression，PLSR）、支持向量机回归（support vector machine algorithm for regression，SVR）和随机森林回归（random forest regression，RFR）。

1.6.1　普通回归

回归分析的目的在于寻求因变量 y 与自变量 x 之间存在的统计相关关系，以用于预测、优化和控制。这种关系可以用一个函数 $y = f(x)$ 表示，即 y 关于 x 的回归方程，回归方程常用来描述 y 关于 x 的变化规律。回归分析按照参与回归的自变量的数目分为一元回归分析和多元回归分析；按照自变量与因变量之间的函数关系，又可以分为线性回归分析和非线性回归分析（陈希孺和王松桂，1987；何晓群和闵素芹，2014）。

因变量 y 与自变量 x 之间的回归方程 $y = f(x)$ 需用样本来拟合，这种拟合过程从某种意义上来说是选择一个合适的函数去逼近。由于高光谱特征指标与冬小麦各项生理生化参数之间可能存在线性或非线性的关系，除去线性函数（$y = a + bx$）外，本书另选取对数函数、指数函数、抛物线函数等非线性函数来拟合二者之间的关系。

$$\text{线性函数} \qquad y = a + bx \tag{1-17}$$
$$\text{对数函数} \qquad y = a + b\ln x \tag{1-18}$$
$$\text{指数函数} \qquad y = ae^{bx} \tag{1-19}$$
$$\text{抛物线函数} \qquad y = a + bx + cx^2 \tag{1-20}$$

式中，x 为高光谱特征指标；y 为冬小麦生理生化参数；a、b、c 为回归系数。

1.6.2 偏最小二乘回归

偏最小二乘回归最初来源于分析化学领域，算法基础是多元线性回归分析、主成分分析和典型相关分析。

算法特点：适用于有多个因变量和多个自变量的回归分析；更适合样本容量小于变量个数情况下的回归分析；同时考虑了自变量间的相关性和因变量间的相关性；能够对高光谱数据降维，在二维平面上观察多维数据；偏最小二乘回归建模同时考虑因变量和自变量主成分提取，建模精度更高。

算法优点：与传统的最小二乘法、主成分回归相比，偏最小二乘回归同时考虑了自变量（x）的主成分、因变量（y）的主成分及因变量对自变量的解释程度；若是单因变量则在考虑自变量主成分的同时加入因变量影响，使因变量参与到自变量主成分提取中，以减少有用信息的丢失，稳定性更强。综合来说，偏最小二乘回归算法能够消除变量之间共线性影响，并通过主成分分析最大限度地利用光谱信息，从而取得更佳的建模精度和更好的估测效果。

在偏最小二乘回归算法中，需要确定投入建模的主成分的个数，即判定增加一个新主成分后模型的预测功能是否得到改进。模型精度评判方法为留一法交叉验证；判定指标为交叉有效性 Q_{h^2}，其表达式如下

$$Q_{h^2} = 1 - \frac{\mathrm{PRESS}(h)}{\mathrm{SS}(h-1)} \tag{1-21}$$

式中，PRESS 为预测误差平方和；SS 为误差平方和；h 为成分数。

偏最小二乘回归验证方法为在建模每一步计算结束之前，均进行效性的交叉验证，如果在第 h 步有 $Q_{h^2} < 0.0985$ 则模型精度达到要求，停止提取主成分；否则需继续提取。

偏最小二乘回归既可作为一种建模方法来进行回归建模，又可以用来进行高光谱数据降维，在高光谱分析中非常实用。偏最小二乘回归内核是线性算法，在建立非线性模型时将偏最小二乘回归与机器学习等非线性算法结合，利用偏最小二乘回归提取得分因子对高光谱数据实现降维处理，最后使用神经网络、支持向量机回归、随机森林回归等算法建模，能够大大增强模型的稳定性和适应能力（王惠文，1999；赵祥等，2004；王纪华等，2007；王圆圆等，2010；付元元等，2013）。

1.6.3 支持向量机回归

支持向量机回归的算法基础是支持向量机（support vector machine，SVM）。

SVM 是一种基于统计学习的结构风险最小化的近似实现，使用支持向量机回归构建的模型具有通用性好、鲁棒性强等优点（梁栋等，2013；林卉等，2013）。支持向量机回归算法的体系结构如图 1-1 所示，在"支持向量" $x(i)$ 和输入空间抽取的 x 之间的内积核是构造支持向量机学习算法的关键，图中 K 为核函数，主要种类有线性核函数（linear function，LF）、多项式核函数（polynomial function，PF）和径向基核函数（radial basis function，RBF）等，各核函数公式如下所示。

$$线性核函数：K(x，x_i) = x^{\mathrm{T}}x_i \tag{1-22}$$

$$多项式核函数：K(x，x_i) = (\gamma x^{\mathrm{T}}x_i + r)，\gamma > 0 \tag{1-23}$$

$$径向基核函数：K(x，x_i) = \exp(-\gamma \parallel x - x_i \parallel^2)，\gamma > 0 \tag{1-24}$$

式中，γ 为向量间隔，T 为转置矩阵符号。

支持向量机回归中，核函数、惩罚变量 c 和核函数系数 g 的选择对建模精度有着很大的影响，多数情况下，使用 BRF 总能取得较好的建模精度（李晓宇等，2006；刘飚等，2012）。本书中使用基于交叉验证的网格搜索法对 c 和 g 的取值进行优化。支持向量机回归模型的构建在 MATLAB2015a 中使用 LIBSVM 工具箱实现。

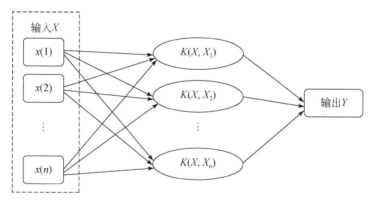

图 1-1 支持向量机算法结构

1.6.4 随机森林回归

随机森林回归算法是基于统计学理论的机器学习算法（Breiman，2001），它利用自助法重抽样技术从原始样本中抽取 k 个自主样本集，每个自主样本集作为训练样本生长为单棵决策树，树的每个节点变量在随机选出的 m 个预测变量中产生并进行节点分割分类，最终预测结果由所有决策树分类器预测值的平均值决定。它通过对大量分类树的汇总提高了模型的预测精度。对各种数据集特征和超高维特征向量的提取具有较好的鲁棒性，泛化能力强（李欣海，2013；李粉玲等，2015）。它利用自助法重抽样，从特征参数和叶片氮含量构成的向量矩阵 $[X, Y]$ 中，随机产生 k 个训练集 $\theta_1, \theta_2, \cdots, \theta_k$，并生成相应训练集的决策树 $\{T(\theta_1)\}, \{T(\theta_2)\}, \cdots, \{T(\theta_k)\}$。从叶片氮含量的 M 维特征参数中随机抽取 m 个特征参数对决策树的节点进行分裂。通过叶节点 $l(x, \theta)$ 的观测值取平均获得单棵决策树 $T(\theta)$ 的预测。根据训练集中叶片氮含量的观测值 Y_i（$i = 1, 2, \cdots, n$），通过加权平均获取单棵决策树的预测值。

$$\mu(x) = \sum_{i=1}^{n} w_i(x, \theta) Y_i \tag{1-25}$$

$$w_i(x, \theta) = \frac{1\{X_i \in R_l(x, \theta)\}}{\#\{j: X_j \in R_l(x, \theta)\}} \quad (i = 1, 2, \cdots, n) \tag{1-26}$$

通过决策树权重 $w_i(x, \theta_t)$（$t = 1, 2, \cdots, k$）取平均得到每个观测值 Y_i 的权重 $w_i(x)$：

$$w_i(x) = \frac{1}{k} \sum_{i=1}^{k} w_i(x, \theta_t) Y \tag{1-27}$$

则随机森林回归的预测值可记为

$$\mu(x) = \sum_{i=1}^{n} w_i(x) Y_i \tag{1-28}$$

一般来说，在抽样中会用到 2/3 的样本，另外 1/3 的样本数据被留下来成为袋外（out of bag，OOB）数据，用来估计模型的泛化误差，在随机森林回归算法中表示均方差误差向量。

$$\mathrm{MSE}_{\mathrm{OOB}} = n^{-1} \sum_{i=1}^{n} (y_i - \hat{y}_i^{\mathrm{OOB}})^2 \tag{1-29}$$

随机森林回归的预测误差可以通过伪复相关系数表示，即

$$\mathrm{RSQ} = 1 - \frac{\mathrm{MSE}_{\mathrm{OOB}}}{\hat{\sigma}_y^2} \tag{1-30}$$

随机森林回归算法构建模型时可以平衡不同数据集的总体误差，调整少数参数便可提高运算性能，且参数缺省设置时性能就较高，对大数据集非常高效，还可以提供内部误差估计、相关系数及变量重要性等有用信息，对结果具有可解释性。

随机森林给出了两种不同度量标准下的自变量重要性权重。其一是相对重要性指标，即把一个变量的取值变为随机数，如果该变量重要的话，随机森林预测误差的就会增加，其增加程度反映了该变量的重要性，也就是从精确度的平均递减来衡量变量的重要性；其二是节点不纯度，该指标计算每个变量对分类树节点

上观测值的异质性影响。

本书基于 randomForest 软件包在 R 环境中进行随机森林回归模拟，其中分类树的数量（ntree）和每个树节点的随机变量数（mtry）是随机森林回归模型非常重要的 2 个参数，本书根据随机森林回归的预测误差及其95%的置信区间确定分类树的数量，mtry 默认值为自变量数目的 1/3，本书通过反复测试确定分割变量的数目。

1.6.5 人工神经网络建模

人工神经网络（artificial neural network，ANN）与人脑神经系统类似，是由很多人工神经元并行构成的，可以存储的信息量巨大。人工神经网络可以处理具有不确定因素的问题，成为处理复杂非线性问题的一种简单有效的手段。人工神经网络并行性高，处理速度快且耐故障能力强；有很强的非线性映射能力，能够用机器模拟人脑智能方式处理信息；具有很强的自学习和自适应能力，还有容错性高的特点，能够快速高效地解决数学模型难以处理的问题。近年来人工神经网络以其上述优势越来越多地应用于作物识别、监测作物长势、作物生化参数反演等高光谱遥感研究中（刘炜等，2011b；李媛媛等，2016；刘秀英，2016）。

本书选择 BP（back propagation）和 RBF（radical basic function）两种人工神经网络（图1-2）来反演冬小麦长势参数。BP 神经网络和 RBF 神经网络都属于非线性多层前向网络，可以处理同时存在多个自变量和多个因变量的问题，由输入层、隐含层、输出层三层网络结构构成，但 BP 神经网络可以包含多个隐含层，具体层数需要经过反复测试确定，相同隐含层的神经元无连接，相邻隐含层的各个神经元全连接。BP 神经网络利用样本正向转播与误差的反向传播控制实际输出值和期望输出值之间的差距，通过调整各层网络之间的阈值和连接权值，使误差小于预定设置，以达到良好的预测效果，BP 神经网络以全局逼近形式来控制网络结构。径向基函数是一种多维空间插值技术，用 RBF 作为隐单元的"基"构成隐含层空间，隐含层对输入矢量进行变换，将低维的模式输入数据变换到高维空间内，通过对隐单元输出的加权求和得到输出。不同于传统前馈神经网络（如 BP 神经网络），RBF 神经网络是一种局部逼近网络，仅隐含层与输出层之间的连接权值影响网络输出。这个特性使 RBF 神经网络的隐节点有了距离概念，采用输入模式与中心向量的距离作为函数的自变量，并使用径向基函数作为激活函数。神经元的输入离径向基函数中心越远，神经元的激活程度就越低，关键因素在于基函数中心的选取。RBF 神经网络可以无限地逼近任意一种非线性函数（周志华和曹存根，2004；李友坤，2012）。

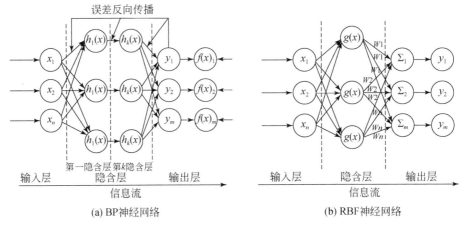

(a) BP神经网络　　　　　　　　(b) RBF神经网络

图 1-2　BP 神经网络和 RBF 神经网络结构

1.6.6　模型精度检验

本研究采用决定系数 R^2（coefficient of determination）、均方根误差（root mean square error，RMSE）、相对预测偏差（residual prediction deviation，RPD）和相对预测误差（relative error of prediction，REP）对估算模型进行综合评定。

决定系数
$$R^2 = \frac{\sum\limits_{i=1}^{n} (\hat{y}_i - \bar{y}_i)^2}{\sum\limits_{i=1}^{n} (y_i - \bar{y}_i)^2} \qquad (1\text{-}31)$$

均方根误差
$$\text{RMSE} = \sqrt{\frac{1}{n} \sum\limits_{i=1}^{n} (\hat{y}_i - y_i)^2} \qquad (1\text{-}32)$$

相对预测偏差
$$\text{RPD} = \frac{\text{S.D}}{\text{RMSE}} \qquad (1\text{-}33)$$

相对误差
$$\text{REP} = \frac{100}{\bar{y}} \text{RMSE} = \frac{100}{\bar{y}} \sqrt{\frac{1}{n} \sum\limits_{i=1}^{n} (\hat{y}_i - y_i)^2} \qquad (1\text{-}34)$$

平均相对误差
$$\text{MRE} = \frac{1}{n} \sum\limits_{i=1}^{n} \left(\frac{|y_i - \hat{y}_i|}{y_i} \right) \qquad (1\text{-}35)$$

式中，y_i 和 $\hat{y}_i$ 分别为检验样本的观测值和预测值；$\bar{y}_i$ 为样本观测值的平均值；n 为预测样本数；S.D 为样本观测值的标准方差。

在以上模型精度检验指标中，R^2、RPD 的值越大，RMSE 和 REP 的值越小，说明模型精度越高，预测取得的效果越好。另外，对 RPD 值的评判也有不同的标准，一般认为当 RPD>2 时证明模型拥有极好的预测能力；1.4<RPD<2 时表明模型仅能够粗略估测样本；当 RPD<1.4 时证明模型不具备预测能力（黄敬峰等，2010；Ge et al.，2016）。

|第 2 章| 冬小麦理化参数及其高光谱特征

冬小麦作为一年生禾本科作物，在整个生长周期内，从出苗、分蘖、返青、拔节、抽穗、开花、灌浆到成熟，冬小麦的植株形态、冠层结构和内部理化指标一直在改变，叶片和冠层的各项生理生化参数及光谱特征会随着生育期的变化而变化。作物的光谱特征提取和分析是农作物定量遥感的基础内容，本章分别从叶片尺度和冠层尺度研究冬小麦在各个关键生育期的生理生化参数和光谱特征；同时，对单株冬小麦上不同层位叶片的理化参数和高光谱特征进行分析。本章选用在 2014~2016 年乾县齐南村试验田正常施肥量的小区中采集的样本数据并计算平均值，对冬小麦各生育期农学参数和光谱的普遍变化规律进行分析，每个生育期共计 12 个样本。

本章使用的高光谱特征主要包括光谱反射率及由光谱反射率经过各种处理得到的一阶导数光谱、连续统去除光谱、红边参数等。

2.1 不同生育期冬小麦理化参数变化

2.1.1 叶片色素含量

色素含量是描述农作物生理状态和生长状况的重要指标，其变化可以用于评价农作物光合作用能力、受环境胁迫程度等。本书涉及的色素主要是叶绿素和花青素。叶绿素是植物重要的光合作用色素，其含量越高表明植物光合作用能力越强，生长越旺盛。花青素作为一种渗透调节物质，能够显著提高植物对病害、低温、干旱等胁迫的抵抗能力。相关学者研究发现，当植物叶片受到外界环境胁迫、感染疾病或进入衰老期时，花青素浓度升高（Gitelson et al. , 2001；刘秀英等，2015）。本书使用 SPAD 叶绿素仪测得的叶片 SPAD 值作为叶绿素含量的指标，使用 Dualex Scientific +便携式植物叶片测定仪器测得的 Anth 值作为花青素含量的指标。

图 2-1 为不同生育期冬小麦叶片 SPAD 含量统计结果。由图 2-1 可知，从返青期到蜡熟期，冬小麦叶片 SPAD 值分布范围为 21~56，随生育期的推进呈现先

升高后降低的趋势：返青期—灌浆期叶绿素含量一直维持在较高水平，且差异不明显；其中开花期最大，叶片平均 SPAD 值为 53.1；蜡熟期叶绿素含量显著降低，SPAD 值只有 24.3，不到最大值的一半。

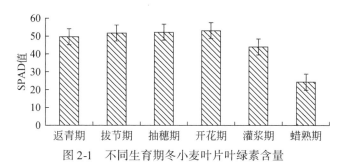

图 2-1　不同生育期冬小麦叶片叶绿素含量

图 2-2 为不同生育期冬小麦叶片 Anth 含量统计结果。Anth 值在整个生育期内变化区间为 0.001~0.31，随着生育期推进呈现出先降低后升高的趋势：拔节期叶片花青素含量最低，Anth 值平均为 0.052；蜡熟期花青素含量最高，Anth 值平均为 0.25，是拔节期的 4.8 倍。两种色素在冬小麦叶片上表现出此消彼长的变化规律（图 2-1 和图 2-2）。返青期，冬小麦刚刚从越冬状态恢复到正常生长状态，叶片为抵抗低温，花青素含量较高，叶绿素含量略低；从返青期到抽穗期，冬小麦处于营养生长阶段，叶片的发育处于上升期，叶片叶绿素含量随着生育期的推进而逐步增大，花青素含量降到最低；进入开花期到成熟期，冬小麦进入生殖生长阶段，叶片停止生长并逐渐衰老，叶绿素开始渐渐分解并向穗部提供种子必需的营养元素，因而叶绿素含量降低，抗衰老的花青素含量升高。

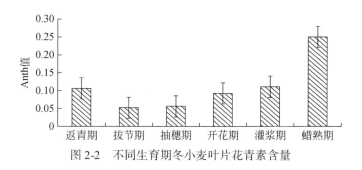

图 2-2　不同生育期冬小麦叶片花青素含量

2.1.2　叶面积指数

叶面积指数一般定义为单位土地面积上的叶片总面积。叶面积指数是衡量作物群体大小、种植密度是否适宜的一个重要指标。叶面积过小表明植被覆盖不足；叶面积过大表明作物过于稠密，叶片相互掩映，会降低光合作用效率。因此叶面积指数也常常用来判断作物长势状况。由图 2-3 可知，冬小麦叶面积指数在整个生育期内分布范围为 1.1~6.2，随着生育期的推进表现出先升高后降低的趋势，在开花期达到最高，叶面积指数平均值为 5.82；返青期最低，平均值为 1.8。从返青期到开花期是冬小麦植株形态变化最大的时期，叶片面积、叶片数量和层数都在持续增加，叶面积指数随之增大；到开花期，冬小麦株型稳定下来，叶面积指数达到最大；在随后的籽粒成熟过程中，冬小麦下层叶片养分向穗部转移，叶片从下层到上层逐渐衰老、枯萎，叶面积指数逐步下降。

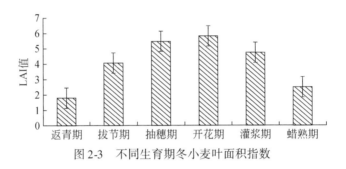

图 2-3   不同生育期冬小麦叶面积指数

2.1.3   大量营养元素含量

氮（N）、磷（P）、钾（K）是冬小麦生长发育所必需的大量元素。N、P 是冬小麦叶绿素、各类蛋白质、核酸、原生质等多种有机化合物的重要组成成分，同时又以多种方式参与冬小麦体内的各种代谢过程，是冬小麦的生长发育过程中不可或缺的主要营养元素。K 以离子状态存在于冬小麦细胞液中，具有促进光合作用、提高其他养分吸收和利用效率、调节细胞渗透压等作用，在冬小麦的新陈代谢过程中发挥着重要的作用。及时掌握冬小麦 N、P、K 元素含量的动态变化，是冬小麦长势监测的重要内容。本书分别检测了冬小麦植株（包含茎秆）和叶片的 N、P、K 含量，采用干物质中全 N、全 P 和全 K 的浓度表示冬小麦营养元素含量。

由图 2-4 可知，植株中 N 含量最高，其次是 K、P 含量最低。N、P、K 含量分布范围分别为 0.821%~2.943%、0.132%~0.371%、1.052%~1.136%。随着生育期的推进，冬小麦植株内部 N、P 的含量持续下降，其中返青期 N 含量平均值为 2.692%，P 含量平均值为 0.359%；蜡熟期 N 含量平均值为 0.7436%，P 含量平均值为 0.169%。这主要是由于 N、P 的累积速度小于植株生物量的增加速度，导致植株和叶片内的营养元素被稀释，浓度下降。植株 K 含量在返青期至灌浆期这段时期内的变化规律与 N、P 相同，在返青期达到最高值，平均为 2.641%；但从灌浆期到蜡熟期，植株体内 K 含量有所增大，这主要是因为 K 不参与有机物质的合成，在成熟期，大量的 N、P 转移到籽粒中，造成植株体内 K 的相对含量上升，因而植株 K 含量的最低值出现在灌浆期，平均值为 1.273%。

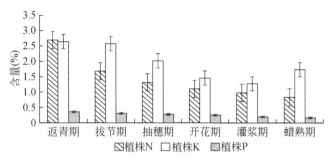

图 2-4　不同生育期冬小麦植株 N、P、K 含量

叶片中 N、P、K 含量的变化规律与植株相一致（图 2-5），但各类元素的含量要高于植株。叶片中 N、P、K 含量分布范围分别为 1.275% ~ 4.793%、0.152% ~ 0.731%、1.535% ~ 3.862%。返青期叶片 N、P、K 含量最高，平均值分别为 4.691%、0.654%、3.56%；蜡熟期 N、P 含量最低，平均值分别为 1.375%、0.171%；灌浆期 K 含量最低，平均值为 1.633%。

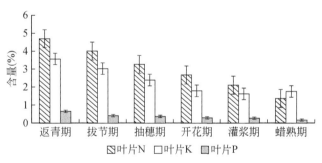

图 2-5　不同生育期冬小麦叶片 N、P、K 含量

2.2　不同生育期冬小麦叶片高光谱特征

2.2.1　叶片光谱反射率

将从田间采集的叶片样品带回实验室，在遮光条件下使用积分球和非成像地

物光谱仪 SVC 进行测量。为了便于与冠层光谱对应，测量中选取的叶片为冬小麦上层叶片。

冬小麦叶片的反射光谱特征主要受叶片内部理化成分和细胞结构影响。从返青期到灌浆期，在可见光区域，叶片反射光谱主要受色素影响，其中叶绿素是最主要的影响因素。由于叶绿素对蓝光、红光的吸收和对绿光的反射，从反射光谱（图2-6）和连续统去除光谱（图2-7）曲线上可以明显地看出，叶片光谱在以400nm为中心的蓝光区域和以670nm为中心的红光区域形成两个吸收谷，最低反射率分别为6.63%和8.21%；而在以550nm为中心的绿光区域形成了一个反射峰（图2-6），反射率最高达到20.52%。从670~780nm，叶绿素由对红光的强吸收过渡到细胞组织对近红外光的强反射，这一特征在一阶导数光谱曲线表现得更为明显（图2-8），此区域内光谱反射率一阶导数在整个波段范围内形成最大峰值，最高值达到1.03。在780~1350nm区域内，受叶片内部结构和营养成分浓度等影响，形成持续的高反射，反射率普遍在40%以上。在1350~2500nm的红外区域，叶片光谱反射率整体呈下降的趋势；由于水分对红外光的强吸收波段位于1450nm和1940nm处，因此叶片光谱以这两个波段为中心形成了两个吸收谷，反射率最低值分别为17.85%、9.42%；并在1650nm和2200nm附近形成了两个反射峰。反射率最高值分别为35.27%、23.23%（图2-6）。

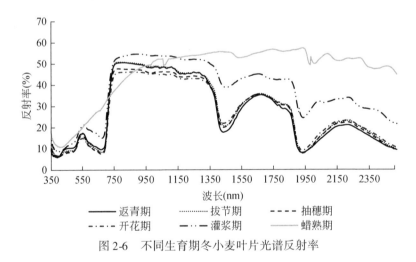

图2-6　不同生育期冬小麦叶片光谱反射率

通过对叶片各类理化参数和营养元素的分析可知，从返青期到开花期，叶片色素含量变化并不显著，因此在可见光范围内叶片光谱反射率差异较小；而叶片营养元素变化较为明显（前期营养元素含量高于后期），因而近红外范围内反射

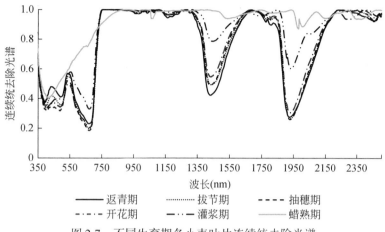

图 2-7　不同生育期冬小麦叶片连续统去除光谱

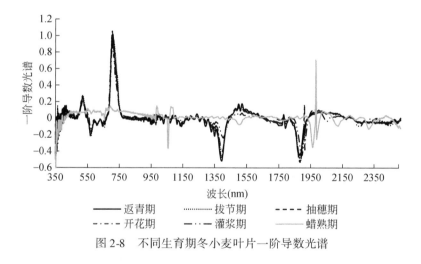

图 2-8　不同生育期冬小麦叶片一阶导数光谱

率差异较大,具体表现为返青期和拔节期的冬小麦叶片反射率在近红外范围内高于抽穗期和开花期。进入灌浆期—蜡熟期,叶片色素含量变化显著(叶绿素含量降低,花青素含量升高),在可见光区域叶片光谱反射率显著增强(图 2-6),吸收减弱(图 2-7);这段时期尽管营养元素含量继续降低,但叶片含水量的下降更为明显,对近红外光的吸收能力减弱,导致叶片在近红外范围内叶片光谱反射率明显增强(图 2-6),水汽吸收波段的吸收谷深度则降低(图 2-7)。事实上蜡熟期叶片光谱反射率的植被特征已经非常不明显。

2.2.2 光谱红边特征

由图2-9可知，在返青期至灌浆期5个时期内，冬小麦叶片的红边特征明显，但各时期的红边位置、红边幅值、红边面积和红边位置反射率变化不是很大，红边位置都在705nm左右（表2-1），红边幅值为1.0左右，红边面积为40.58~45.78，红边位置反射率为21.83%~28.90%。蜡熟期的叶片失去植物的红边特征。前四个生育期红边位置基本稳定，红边幅值在抽穗期达到最大（1.06），红边面积在拔节期达到最大（45.78），红边位置反射率随着生育期的推进有升高的趋势。总体而言，在蜡熟期之前，健康冬小麦叶片光谱红边特征随生育期的变化规律并不显著。

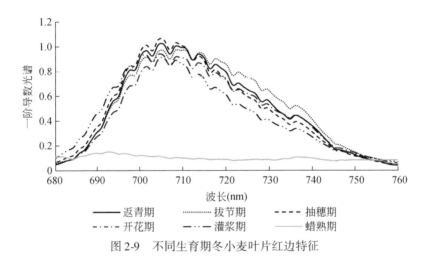

图2-9　不同生育期冬小麦叶片红边特征

表2-1　不同生育期冬小麦叶片红边参数

参数	返青期	拔节期	抽穗期	开花期	灌浆期	蜡熟期
红边面积 S_{D_r}	43.86	45.78	43.31	40.58	40.14	8.78
红边幅值 D_r	1.02	0.97	1.06	0.92	0.94	0.15
红边位置 P_r（nm）	706	708	705	708	704	692
红边位置反射率 R_r（%）	23.11	23.78	21.83	21.95	28.90	31.54

2.3 不同生育期冬小麦冠层高光谱特征

2.3.1 冠层光谱反射率

冬小麦冠层反射光谱受到植株理化组分、冠层结构、土壤状况等多种因素综合影响，因此与叶片反射光谱既有相似又有不同。从冠层反射光谱曲线（图2-10）可以看出，在可见光区域内，冠层反射率变化趋势与叶片基本一致，但从连续统去除光谱（图2-11）可以看出，冬小麦冠层在蓝波段和红波段的吸收深度要大于叶片，这是由于冠层范围内叶片众多，对这两个波段吸收增强；同理，在780~1350nm的近红外区间，冠层光谱上叶片含水量在980nm和1200nm处的吸收特征得到增强，形成了两个吸收谷，并在1080nm附近形成了反射峰；从一阶导数光谱曲线（图2-12）可以看出，在670~780nm，冠层光谱升高的速率低于叶片光谱，并且各生育期红边位置处的变化较为明显。在1850~1950nm，冠层反射光谱受到土壤的影响凸显出来，反射曲线出现明显波动，出现多个峰谷；在1450nm和1940nm处，水汽对光谱的吸收影响也较叶片增强。

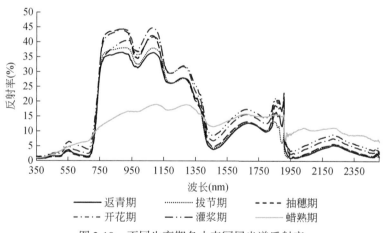

图 2-10 不同生育期冬小麦冠层光谱反射率

从返青期到抽穗期，随着冬小麦覆盖度的增加，入射光在不同层位的叶片间形成多次反射，可见光部分的能量被叶片吸收，近红外部分的反射总量增加，因此在灌浆期之前，冠层光谱在近红外波段的反射率出现升高的趋势。进入灌浆期之后，冬小麦下层叶片开始失绿变黄，光合作用能量减弱，对红外光的反射也减弱，因此从灌浆期到成熟期，冠层反射光谱在近红外波段呈现下降的趋势。

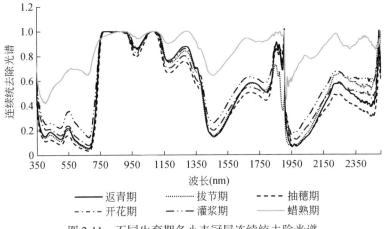

图 2-11　不同生育期冬小麦冠层连续统去除光谱

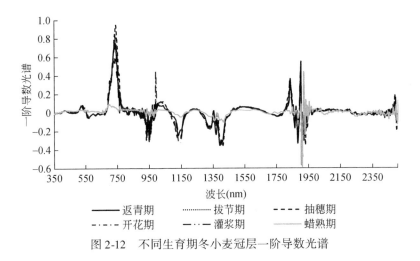

图 2-12　不同生育期冬小麦冠层一阶导数光谱

与单片叶片相比，冠层光谱在各个波段的吸收加强，反射减弱，并在 980nm 和 1200nm 处存在明显的吸收谷。

2.3.2　冠层光谱红边特征

冬小麦冠层光谱在各生育期的红边特征差异较大（图 2-13）。由表 2-2 可知，从返青期到抽穗期，红边的位置分别为 736nm、737nm、740nm，一直在向长波长方向移动，即所谓的"红移"，同时红边幅值和红边面积也随之升高，并在抽穗期达到最大，分别为 0.95 和 40.85。从开花期到蜡熟期，红边位置分别为

738nm、729nm、697nm，一直在向短波长方向移动，即所谓的"蓝移"，同时红边幅值和红边面积降低。蜡熟期冠层各项红边特征参数均降到最低，红边特征失去植被特点。由此可见，冬小麦冠层的光谱红边特征随着生育期的推进表现出规律性的变化。

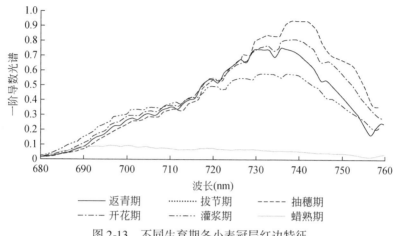

图 2-13 不同生育期冬小麦冠层红边特征

表 2-2 不同生育期冬小麦冠层红边参数

参数	返青期	拔节期	抽穗期	开花期	灌浆期	蜡熟期
红边面积 S_{D_r}	34.43	35.85	40.85	38.49	32.04	5.40
红边幅值 D_r	0.75	0.79	0.95	0.81	0.59	0.09
红边位置 P_r（nm）	736	737	740	738	729	697
红边位置反射率 R_r（%）	21.57	22.45	25.14	25.45	20.24	8.07

2.4 不同施氮水平冬小麦冠层光谱特征

图 2-14 为不同氮肥施用水平下的冬小麦冠层光谱分布。不同氮肥供应水平下的冬小麦冠层光谱差异明显，可见光波段的冠层光谱反射率随着氮肥施用量的增加逐渐降低，近红外则相反，冠层光谱反射率与施氮量呈正比关系，并且不同处理间的差异在近红外波段更为显著，这与叶面积指数、地上生物量等随着施氮量增加而增加有着直接的关系，整体上不同施氮水平之间的差异在近红外波段大于可见光区域。氮肥胁迫试验的冬小麦冠层光谱的变异系数反映了冠层光谱对施氮水平的响应和敏感程度，某波段在不同氮水平下的变异系数值越大，就说明此波段对氮水平反应比较敏感。对不同氮水平反应比较敏感的部分主要集中在可见

光波段。

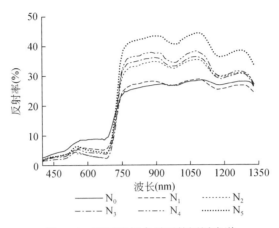

图 2-14　不同施氮水平下的冠层光谱

2.5　不同叶片氮含量的冬小麦冠层光谱特征

由图 2-15 可以看出，不同冠层叶片氮含量下的冠层光谱反射特征差异显著，在不同波段区域，冠层光谱的响应程度不同，其规律与不同供氮水平下的冠层反射率变化相似，冠层光谱反射率在 400～750nm 波段随叶片氮含量水平的增加而降低，在 750～1350nm 波段光谱反射率随着叶片氮含量水平的增加而增加。叶片氮含量的差异在导数光谱上表现明显，680～780nm 的红边反射区域，920～980nm、1090～1200nm 和 1270～1350nm 的导数光谱的吸收谷内，导数光谱曲线差异显著。叶片氮含量在 1.6%～4.2% 与光合速率呈显著的正相关，叶片氮含量越高，在红边范围内的发射峰值越高，在近红外波段的吸收谷深度越深。本书中的对数光谱是在对原始光谱取了倒数后再求的对数，因此，对数光谱随叶片氮含量的规律与原始光谱的相反，随着叶片氮含量的增加，可见光部分的反射曲线呈现上升趋势，近红外波段则呈现下降趋势。虽然对数光谱在 750nm 以后曲线相对平缓，但是不同叶片氮含量下的对数光谱差异较大。相对于原始光谱，可见光部分的对数光谱曲线之间的差异拉大，对叶片氮含量的敏感性增强。同样在可见光波段，不同叶片氮含量下的连续统去除光谱曲线的细节特征差异得到增强，冠层光谱反射率的变化幅度较大，对叶片氮含量的动态响应范围增加，反应敏感。

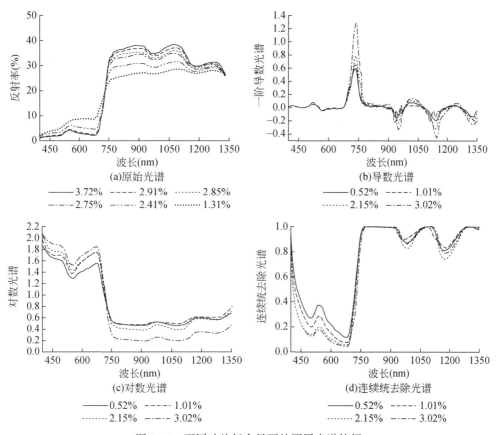

图 2-15　不同叶片氮含量下的冠层光谱特征

注：为提高区分度，一阶导数光谱值扩大了 100 倍。

2.6　结　　论

冬小麦叶片光谱主要由冬小麦叶片生化组分和内部细胞结构决定，冠层光谱则受植株各部分组分、结构、冠层结构、土壤背景、大气传输路径等多因素影响。由本章分析可知，在不同的生育期，冬小麦的色素含量、养分含量、植株形态、冠层结构等参数都会随着生育期的推进发生显著的变化，最终在光谱上体现出来。通过分析冬小麦冠层、叶片两个尺度上不同生育期的光谱特征和相对的叶绿素、花青素、LAI、N、P、K 等农学参数的变化规律，取得的主要结论如下。

1）从返青期到开花期，冬小麦叶片叶绿素含量随着生育期的推进逐渐升高，从开花期到蜡熟期，叶绿素含量大幅降低，在蜡熟期降到最低值；从返青期到拔节期冬小麦叶片花青素含量下降，从拔节期到蜡熟期，花青素含量逐步升高，并在蜡熟期达到最高值。

2）从返青期到开花期，冬小麦 LAI 随生育期推进而升高；从开花期到蜡熟期，LAI 逐步降低；LAI 最高值出现在开花期。

3）从返青期到灌浆期，冬小麦 N、P、K 含量随着冬小麦生育期推进而降低；从灌浆期到蜡熟期，冬小麦 N、P 含量降低，K 含量升高。

4）从返青期到开花期，冬小麦叶片光谱在可见光区域反射较低，吸收较强，且不同生育期之间差异较小；在近红外区域差异较大；在红边波段差异不明显；从灌浆期到蜡熟期，冬小麦叶片光谱在可见光区域反射升高，不同生育期之间差异显著；在近红外区域反射降低；蜡熟期冬小麦叶片基本失去被植被反射特征。

5）从返青期到蜡熟期，在可见光区域内，冠层反射率变化趋势与叶片基本一致，但在蓝波段和红波段的吸收深度要大于叶片；在近红外区域，从返青期到灌浆期冠层反射率随生育期推进而升高，蜡熟期近红外反射率大幅降低。冠层光谱红边位置从返青期到抽穗期表现为"红移"，从开花期到蜡熟期表现为"蓝移"。

6）叶片氮含量的变化引起的原始冠层反射光谱曲线的变化趋势与不同施氮水平下的光谱变化一致。叶片氮含量越高，在红边范围内的发射峰值越高，在近红外波段的吸收谷深度越深。不同光谱变化下的反射曲线对叶片氮含量的变化有着积极的响应能力，连续统去除光谱在可见光部分存在 2 个吸收谷，对叶片氮含量的响应幅度明显提高。

第3章 冬小麦叶绿素含量高光谱估算

叶绿素是一种卟啉类脂溶性色素，与胡萝卜素、花青素并称植物三大色素。叶绿素是植物体内含量最多的色素，叶绿素分子存在于植物叶绿体类囊体膜中，与捕获光能的色素蛋白共同构成复合体。叶绿素因其特有的光能捕获作用直接参与了光能的吸收、传递和转化过程，因此叶绿素是植物进行光合作用最重要的物质（Delegido et al.，2010；杨晴和郭守华，2010；Botha et al.，2010）。无论是作物正常新陈代谢的自然衰竭过程还是受到外界环境胁迫的提前衰老过程，只要作物进入绿色器官的衰老阶段，作物体内叶绿素的降解就会引起"叶绿素−蛋白质"复合体的同步降解，使存在于衰老器官叶绿素结合蛋白体内的氮素运输到新生器官及生殖器官中去，最终完成营养物质的积累（Li et al.，2010；Zhang et al.，2012）。因此叶绿素含量与农作物健康状况、营养元素含量、最终产量等有着极为密切的关系，对作物生育期内叶绿素含量的监测是作物长势、产量预测预报的重要手段（吴长山等，2000；董晶晶等，2009）。冬小麦叶绿素含量传统测量方法是在实验室内利用分光光度计法计算特定波长下的吸光度，通过计算获取叶绿素含量。该方法需要采集样本带回实验室内处理，费时费力，且对冬小麦植株有损伤，无法满足现代农业对叶绿素含量实时无损、大范围监测的要求。因此，利用叶绿素特有的光谱吸收反射特性建立起叶绿素光谱反演模型已成为目前农业遥感领域研究的热点（孙勃岩等，2017）。

本章使用2014~2016年在乾县齐南村试验田获取的冬小麦高光谱观测数据及实测叶绿素含量数据，分析不同生育期内不同叶绿素含量的叶片、冠层的光谱特征；选择2014~2015年数据，分别采用原始光谱、一阶导数光谱、连续统去除光谱和多种光谱参数作为自变量构建叶片与冠层两个尺度上的叶绿素估算模型，并使用2016年所测数据对各个模型进行验证。目的在于寻找适合本区域冬小麦叶绿素反演的最优模型，为关中地区冬小麦叶绿素含量遥感监测提供理论依据。

3.1 冬小麦叶片叶绿素含量高光谱估算

本节以单个叶片为基本单位，分析冬小麦单叶片的光谱特征，并建立基于特征光谱和光谱参数的叶片叶绿素的估算模型。

在田间采集各小区叶片，带回实验室测量叶片的叶绿素含量和光谱反射率。使用 SPAD 值叶绿素计测定叶片叶绿素相对含量；光谱反射率使用与 SVC 配套的光纤光学探测模块进行测量。由于光纤光学探测模块能够将叶片的测量部位完全封闭，从而排除了其他背景的干扰，得到纯粹的叶片光谱。40 个小区中，每个小区取 8 片叶子，每个生育期各有 320 个样本数据，每年观测 5 个生育期。使用 2014～2015 年数据作为建模样本，2016 年数据对模型进行验证。叶片 SPAD 值统计特征见表 3-1。

表 3-1　冬小麦叶片 SPAD 值统计特征

项目	样本数	最小值	最大值	平均	标准误差	方差	峰度	偏度
建模集	3200	8.8	61.9	45.4	0.18	106.98	1.68	0.86
验证集	1600	7.6	63.7	45.3	0.18	107.21	1.65	0.92

3.1.1　不同叶绿素含量叶片光谱特征

叶绿素含量也是叶片健康状况的重要表征，当叶绿素含量降低时，叶片内部其他组分也发生变化，如水分含量降低、花青素含量升高等。而叶片的反射光谱是叶片内各组分和叶片结构的综合光学反映，因此当叶片叶绿素含量变化时，叶片光谱在整个波段范围内都会有变化。但叶绿素吸收和利用的光能主要集中在可见光区域，因此可见光区域的叶片光谱对叶绿素含量的变化非常敏感。从图 3-1～图 3-3 可以看出，只有 350～750nm 的叶片光谱随着 SPAD 值的变化呈现出一致的、规律性的变化，而 750～2500nm 的叶片光谱尽管也随着 SPAD 值变化有较大幅度的变化，但规律性和一致性并不是很明显。

在可见光范围内，叶绿素对蓝光和红光吸收能力较强，对绿光反射能力较强，因而叶片光谱反射率在 400nm 为中心的蓝波段和以 670nm 为中心的红波段出现吸收谷，光谱反射率分别在 6% 和 9% 左右；在以 550nm 为中心的绿波段形成了一个反射峰，反射率在 12% 左右（图 3-1）。较高的 SPAD 值表明叶片叶绿素含量较高，光合作用能力强，对光能的吸收和利用较多。因此，在 350～750nm，光谱反射率随着 SPAD 值的降低而增大（图 3-1），而吸收光谱则相反（图 3-3），且不同 SPAD 值对应的红波段处吸收程度的变化较其他波段更为显著。670～750nm，由于作物细胞组织对近红外光表现出强反射，光谱反射率急剧上

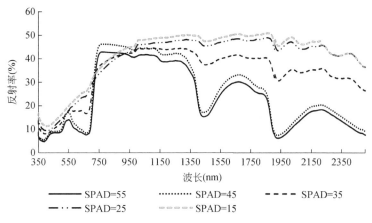

图 3-1 不同 SPAD 值冬小麦叶片光谱反射率

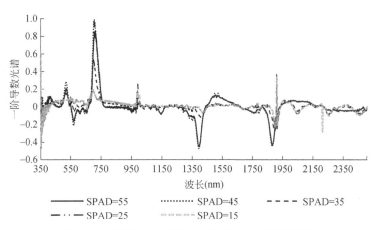

图 3-2 不同 SPAD 值冬小麦叶片一阶导数光谱

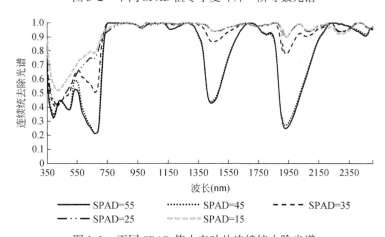

图 3-3 不同 SPAD 值小麦叶片连续统去除光谱

升，高达 45% 左右。在叶片的一阶导数光谱上，红边波段特征得到增强，由图 3-2 可以看出红边波段的一阶导数光谱是整个波段范围内的最大值（最大值达到 1.0）。叶片叶绿素含量的差异在红边波段也有显著的表现，由图 3-4 可知，随着 SPAD 值的增大，红边波段光谱峰值有增大的趋势，并且峰值对应的波长也变大。综上分析，叶片叶绿素含量与叶片可见光—近红外内的光谱有着直观且密切的联系，使用叶片光谱反演叶绿素含量具有可行性。

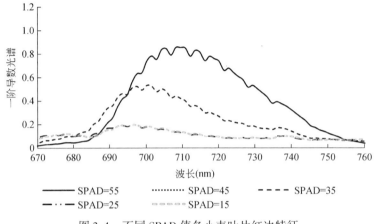

图 3-4　不同 SPAD 值冬小麦叶片红边特征

3.1.2　基于特征光谱的叶片叶绿素含量反演

3.1.2.1　叶片叶绿素含量与光谱相关性

将不同生育期的冬小麦叶片 SPAD 值与对应的光谱反射率、一阶导数光谱、连续统去除光谱做相关性分析，结果如图 3-5 ~ 图 3-7 所示；将全部生育期数据汇总，做全生育期冬小麦叶片 SPAD 值与各类光谱的相关性分析，结果如图 3-8 所示。由上文分析可知，对冬小麦叶片叶绿素的敏感波段集中在可见光—近红外，相关性分析结果也表明，在各个生育期内，750 ~ 2500nm 的光谱与冬小麦叶片 SPAD 值的相关系数显著性不高。不同的生育期叶片 SPAD 值与 3 种光谱的相关性不同，其中拔节期、抽穗期、开花期和灌浆期相关性较好，而返青期和蜡熟期相关性较差，这是由于返青期和蜡熟期叶片叶绿素含量较低，叶片光谱受其他组分影响更大。但在不同的生育期内，叶片 SPAD 值与光谱相关性的变化规律基本一致，主要表现为以下几方面。

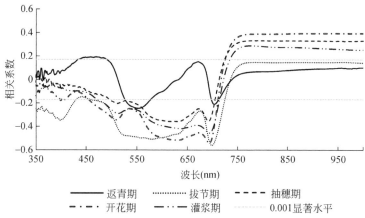

图 3-5 不同生育期冬小麦叶片 SPAD 值与光谱反射率相关性

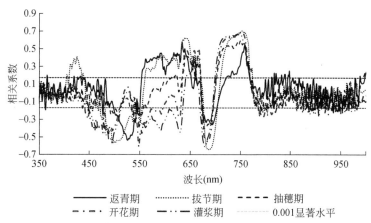

图 3-6 不同生育期冬小麦叶片 SPAD 值与一阶导数光谱相关性

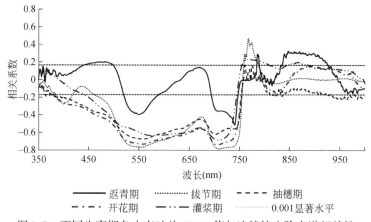

图 3-7 不同生育期冬小麦叶片 SPAD 值与连续统去除光谱相关性

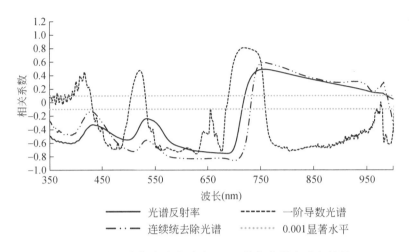

图 3-8　全生育期冬小麦叶片 SPAD 值与各类光谱相关性

1）在光谱反射率各波段上，450～700nm 光谱反射率与叶片 SPAD 值呈极显著负相关，相关系数最高点对应的波长出现在 690nm 左右，相关系数最高达到 −0.58；725～1000nm，光谱反射率与叶片 SPAD 值呈极显著正相关，但相关系数不高（0.2～0.4），且在此波长范围内基本无变化（图 3-5）。

2）叶片 SPAD 值与一阶导数光谱的相关性在各波段上有较大差异。叶片 SPAD 值与一阶导数光谱在 710～760nm，表现为极显著正相关（$P=0.001$），相关系数最高点在 730nm 左右，相关系数最高达 0.68；670～690nm，叶片 SPAD 值与一阶导数光谱表现为强负相关，相关系数最高点在 690nm 左右，相关系数最高达到 −0.67。叶片 SPAD 值与一阶导数光谱的相关系数绝对值高于光谱反射率。这表明一阶导数光谱加强了叶片 SPAD 值与红边波段（670～760nm）的相关性（图 3-6）。

3）在连续统去除光谱各波段上，450～750nm 连续统去除光谱与叶片 SPAD 值极显著负相关，相关系数最高点对应的波长出现在 700nm 左右（相关系数最高为 −0.79），其次在 550nm 左右相关系数也达到一个峰值（相关系数最高为 −0.78），同时这两处的相关系数绝对值均高于光谱反射率和一阶导数光谱与 SPAD 值相关系数的最大值。这表明连续统去除光谱通过增大叶片光谱的吸收特征可以显著增强绿波段（550nm）反射峰和红波段（700nm）吸收谷与叶片 SPAD 值的相关性（图 3-7）。

全生育期数据的相关性分析表现出与上述描述相同的规律，但相关系数在所有波段都有了大幅度提升（图 3-8）：光谱反射率与叶片 SPAD 值相关系数最高点出现在 688nm 处（$r=−0.76$），一阶导数光谱与叶片 SPAD 值相关系数最高点出现在 725nm 处（$r=0.81$），连续统去除光谱与叶片 SPAD 值相关系数最高点出现在 700nm 处（$r=-0.86$）。这是因为在各个生育期内，不同样本之间叶绿素含量差异性较小，导致各类光谱随 SPAD 值变化的规律不够明显；而全生育期数据中叶绿素含量差异显著，且从高值到低值均匀分布，因此二者的相关性分析能够很好地体现各类光谱随 SPAD 值的变化规律。

3.1.2.2 基于特征光谱的叶片 SPAD 值估算模型

高光谱数据是一种超高维的矩阵，数据量大且包含众多冗余信息，在针对特定目标参数进行建模反演时，需要对数据进行降维和压缩。在 MATLAB 2015a 软件中，以 2014 年、2015 年冬小麦叶片 SPAD 值为因变量，使用连续投影算法从对应的各类型光谱数据中搜寻并提取特征波长；将这些特征波长对应的光谱值与上文相关性分析中得到的高相关性波段对应的光谱值综合，使用偏最小二乘回归分析计算各类型光谱值对叶片 SPAD 值的重要性权重，选择权重较高的光谱值对应的波长作为最终选择的特征光谱波长（表 3-2）。以各类型光谱入选波长对应的特征光谱值为自变量，分别采用偏最小二乘回归（PLSR）和支持向量机回归（SVR）建立各生育期及全生育期的冬小麦叶片 SPAD 值估算模型（表 3-3）。SVR 使用 RBF 核函数，采用格网搜索法对惩罚系数 c 和核函数系数 g 进行寻优。

表 3-2 冬小麦叶片 SPAD 值特征光谱波长选择

生育期	光谱类型	入选波长（nm）
返青期	光谱反射率	469，556，810
	一阶导数光谱	696，755
	连续统去除光谱	545，668，956
拔节期	光谱反射率	692，581，499，634，732
	一阶导数光谱	746，523，441
	连续统去除光谱	545，702
抽穗期	光谱反射率	611，690，556，776，506
	一阶导数光谱	677，749，639，552
	连续统去除光谱	546，760，698
开花期	光谱反射率光谱	559，705，789，498
	一阶导数光谱	755，684，641，548
	连续统去除光谱	559，705

生育期	光谱类型	入选波长（nm）
灌浆期	光谱反射率	696，638，784，512
	一阶导数光谱	495，678，750
	连续统去除光谱	708，581，544
全生育期	光谱反射率	533，555，448，698，513，483
	一阶导数光谱	736，678，984，666
	连续统去除光谱	688，535，571，513，401，760

表 3-3　基于特征光谱的冬小麦叶片 SPAD 值估算模型

生育期	光谱类型	PLSR 模型		SVR 模型			
		R^2	RMSE	R^2	RMSE	c	g
返青期	光谱反射率	0.334	5.414	0.412	1.135	2.828	0.167
	一阶导数光谱	0.381	5.291	0.433	1.013	10	1.737
	连续统去除光谱	0.357	5.419	0.431	1.121	4	2.414
拔节期	光谱反射率	0.614	3.443	0.713	0.782	1.778	32.632
	一阶导数光谱	0.625	3.422	0.725	0.681	1.414	24
	连续统去除光谱	0.638	3.154	0.738	0.653	2	0.365
抽穗期	光谱反射率	0.601	3.564	0.706	0.675	6.332	19.432
	一阶导数光谱	0.623	3.221	0.752	0.661	32	0.008
	连续统去除光谱	0.645	3.203	0.761	0.652	3.654	0.532
开花期	光谱反射率	0.612	3.176	0.724	0.633	1	0.125
	一阶导数光谱	0.619	3.231	0.736	0.629	16	0.008
	连续统去除光谱	0.632	3.253	0.758	0.617	1.796	5.286
灌浆期	光谱反射率	0.597	3.377	0.701	0.735	0.565	2.678
	一阶导数光谱	0.605	3.289	0.712	0.694	64	0.0078
	连续统去除光谱	0.622	3.154	0.728	0.668	2	0.044
全生育期	光谱反射率	0.754	5.137	0.867	0.532	1.414	2
	一阶导数光谱	0.756	5.107	0.882	0.521	0.125	4
	连续统去除光谱	0.792	5.036	0.898	0.515	8	0.5

　　对比不同生育期的叶片 SPAD 值反演模型可以看出，返青期模型精度较低，该模型的决定系数为 0.334～0.381，RMSE 大于 5；拔节期、抽穗期、开花期和灌浆期模型精度较高，其模型和检验的决定系数为 0.601～0.645，

RMSE 为 3.154 ~ 3.564；全生育期模型精度最高，其模型和检验的决定系数大于 0.7，但受样本数量增大的影响，RMSE 有所增大。对比同一生育期内不同类型光谱建立的模型，发现使用连续统去除光谱作为自变量的模型比使用光谱反射率和一阶导数光谱的模型精度要高，这与上文中叶片 SPAD 值和各类光谱的相关性分析的结果和原因相一致。对比各个生育期和各类光谱的 SPAD 值 SVR 模型和 PLSR 模型可以看出，SVR 模型的 R^2 均高于 PLSR 模型，而 RMSE 均低于 PLSR 模型。

使用验证数据集检验模型的预测效果，将使用模型解算出的预测值与实测值进行线性拟合分析，使用 R^2、RMSE、RPD 和 REP 对预测精度进行评价（表 3-4）。结果表明，除返青期外，其余各个时期的 SPAD 值估算模型均取得较好的预测效果。同一生育期内，连续统去除光谱模型预测精度高于光谱反射率模型和一阶导数光谱模型。各个生育期内，SVR 模型的预测精度也高于 PLSR 模型。这是由于特征光谱与叶片 SPAD 值之间并非简单的线性关系，SVR 作为一种基于统计学习理论的非线性回归方法，建立的叶片 SPAD 值估算模型具有更高的精度和更好的预测能力。

表 3-4　基于特征光谱的冬小麦叶片 SPAD 值估算模型检验

生育期	光谱类型	PLSR 模型				SVR 模型			
		R^2	RMSE	REP	RPD	R^2	RMSE	REP	RPD
返青期	光谱反射率	0.207	6.112	0.187	1.014	0.293	3.276	0.098	1.123
	一阶导数光谱	0.251	6.863	0.183	1.065	0.216	3.196	0.087	1.153
	连续统去除光谱	0.258	6.932	0.179	1.091	0.219	3.251	0.095	1.153
拔节期	光谱反射率	0.517	5.631	0.141	1.332	0.598	2.852	0.065	1.446
	一阶导数光谱	0.536	5.491	0.136	1.366	0.604	2.793	0.073	1.473
	连续统去除光谱	0.541	5.324	0.132	1.401	0.617	2.726	0.059	1.492
抽穗期	光谱反射率	0.512	5.983	0.135	1.332	0.585	2.812	0.062	1.401
	一阶导数光谱	0.565	5.765	0.139	1.401	0.611	2.786	0.059	1.429
	连续统去除光谱	0.593	5.211	0.131	1.445	0.641	2.731	0.065	1.511
开花期	光谱反射率	0.503	5.654	0.133	1.355	0.609	2.765	0.053	1.402
	一阶导数光谱	0.529	5.619	0.135	1.372	0.612	2.751	0.049	1.418
	连续统去除光谱	0.552	5.439	0.133	1.424	0.629	2.774	0.052	1.426
灌浆期	光谱反射率	0.485	5.761	0.129	1.209	0.596	2.819	0.056	1.402
	一阶导数光谱	0.496	5.867	0.136	1.276	0.601	2.783	0.051	1.456
	连续统去除光谱	0.439	5.443	0.133	1.218	0.609	2.732	0.048	1.563

生育期	光谱类型	PLSR 模型				SVR 模型			
		R^2	RMSE	REP	RPD	R^2	RMSE	REP	RPD
全生育期	光谱反射率	0.629	6.336	0.147	1.594	0.752	2.639	0.106	1.732
	一阶导数光谱	0.638	6.239	0.144	1.545	0.765	2.611	0.099	1.779
	连续统去除光谱	0.659	6.127	0.141	1.607	0.779	2.598	0.081	1.803

对比模型和检验方程的 R^2 和 RMSE 可以发现，各生育期模型检验的 RMSE 均高于模型自身的 RMSE，决定系数低于模型的 R^2。这一现象的原因主要是：连续投影算法将波长对应的光谱值对叶片 SPAD 值的贡献率大小进行排序，选择贡献率高的作为特征波长。这种方法虽然可以压缩光谱数据并取得较高的建模精度，但所选择的特征波段受样本影响较大，针对不同的样本特征波长也会随之变化（表3-2），这就导致模型的稳定性和普适性降低，在使用新的数据对模型进行检验时精度往往会下降。

3.1.3 基于光谱参数的叶片叶绿素含量反演

通过将光谱反射率、一阶导数光谱或连续统去除光谱中的一些波段进行提取或进行数学运算组合，可以构建各类光谱参数，如各种植被指数、红边参数、黄边参数、蓝边参数、吸收特征参数等。这些光谱参数在植被叶绿素的遥感估算中已经得到了广泛的应用并有着良好的表现。参考前人研究，本节选用多种与叶绿素关系密切的光谱参数，并使用多种回归方法构建冬小麦叶片 SPAD 值估算模型。

3.1.3.1 叶片叶绿素含量与光谱参数相关性

对多种光谱参数和冬小麦叶片 SPAD 值进行相关性分析，表 3-5 中列出了与全生育期叶片 SPAD 值相关系数绝对值高于 0.65 的 35 种光谱参数，这些光谱参数涵盖了 445 ~ 800nm 的蓝谷、绿峰、红谷、红边等多个叶绿素敏感波段。由图 3-9 可以看出，GNDVI、VOG1、VOG2、VOG3、E _ GNDVI、RENDVI、MRENDVI、$(S_{D_r}-S_{D_b})/(S_{D_r}+S_{D_b})$ 8 种光谱参数在各个生育期均与 SPAD 值极显著相关，且相关系数在本生育期各光谱参数中均处于较高水平，表现较为稳定。这就可以排除因样本值分布范围差异造成的偶然性，证明这 8 个光谱参数是冬小麦叶片 SPAD 值的敏感参数。在这 8 种光谱参数中，又以 $(S_{D_r}-S_{D_b})/(S_{D_r}+S_{D_b})$ 表现最为稳定，在各个生育期内与叶片 SPAD 值都有着较高的相关系数，由前章的分析可知，在一阶导数光谱上，S_{D_r} 覆盖的 490 ~ 530nm 和 S_{D_b} 覆盖的 680 ~ 670nm 都是与叶片叶绿素含量高度相关的区域。VOG1、VOG2、VOG3、RENDVI 和 MRENDVI 5 种光谱参数则是利用了对叶片叶绿素含量敏感的红边波段的光谱信息。GNDVI 和 E_GNDVI 通过对可见光反射峰光谱和近红外反射峰光谱的归一化组合，也表现出对叶片叶绿素含量的高度敏感。

表 3-5 冬小麦叶片 SPAD 值与光谱参数相关性

光谱参数	返青期	拔节期	抽穗期	开花期	灌浆期	全生育期
NDVI	−0.374**	0.463**	0.533**	0.634**	0.595**	0.825**
GNDVI	0.585**	0.804**	0.774**	0.774**	0.723**	0.786**
DVI	0.2666**	0.254**	0.457**	0.473**	0.642**	0.758**
RVI	−0.275**	0.395**	0.513**	0.574**	0.526**	0.755**
SAVI	−0.374**	0.466**	0.534**	0.635**	0.596**	0.827**
OSAVI	−0.372**	0.468**	0.532**	0.637**	0.598**	0.825**
MCARI2	−0.361**	−0.397**	0.128	0.423**	0.475**	0.787**
HNDVI	−0.518**	0.472**	0.536**	0.644**	0.593**	0.834**
RDVI	0.337**	0.333**	0.487**	0.547**	0.654**	0.813**
SIPI	−0.488**	0.394**	0.518**	0.605**	0.623**	0.805**
PSNDa	−0.449**	0.483**	0.566**	0.655**	0.602**	0.837**
PSNDb	0.552**	0.646**	0.644**	0.702**	0.657**	0.835**
PSSRa	−0.443**	0.414**	0.543**	0.585**	0.534**	0.763**
PSSRb	0.304**	0.584**	0.613**	0.636**	0.577**	0.774**
VOG1	0.675**	0.817**	0.702**	0.724**	0.673**	0.817**
VOG2	−0.665**	−0.805**	−0.682**	−0.713**	−0.664**	−0.803**
VOG3	−0.666**	−0.807**	−0.685**	−0.706**	−0.655**	−0.814**
MRESR	0.493**	0.657**	0.637**	0.654**	0.647**	0.805**
ARVI	−0.457**	0.532**	0.545**	0.666**	0.578**	0.827**
GRVI	0.418**	0.673**	0.758**	0.738**	0.666**	0.772**
RENDVI	0.424**	0.824**	0.759**	0.774**	0.698**	0.852**
MRENDVI	0.493**	0.854**	0.743**	0.765**	0.695**	0.853**
EVI	−0.462**	0.476**	0.525**	0.646**	0.614**	0.833**
E_NDVI	−0.462**	0.473**	0.538**	0.642**	0.593**	0.824**
E_GNDVI	0.596**	0.814**	0.775**	0.793**	0.763**	0.855**

续表

光谱参数	返青期	拔节期	抽穗期	开花期	灌浆期	全生育期
E_DVI	0.365**	0.264**	0.454**	0.477**	0.642**	0.747**
E_RVI	-0.426**	0.406**	0.513**	0.576**	0.525**	0.753**
R_r	0.333**	-0.225**	-0.356**	-0.494**	-0.347**	-0.744**
R_g/R_r	-0.515**	-0.395**	0.015	0.265**	0.206**	0.637**
$(R_g-R_r)/(R_g+R_r)$	-0.404**	-0.396**	0.047	0.287**	0.247**	0.706**
S_{D_r}	0.254**	0.267**	0.463**	0.4785**	0.647**	0.775**
D_r	-0.277**	-0.238	0.277**	0.246**	0.448**	0.682**
D_y	0.417**	0.245**	-0.107	-0.183	-0.232**	-0.653**
R_y	-0.275**	-0.423**	-0.326**	-0.342**	-0.342**	-0.614**
$(S_{D_r}-S_{D_b})/(S_{D_r}+S_{D_b})$	0.718**	0.836**	0.826**	0.781**	0.754**	0.875**

** 表示 0.001 水平上显著相关（$n=4800$）。

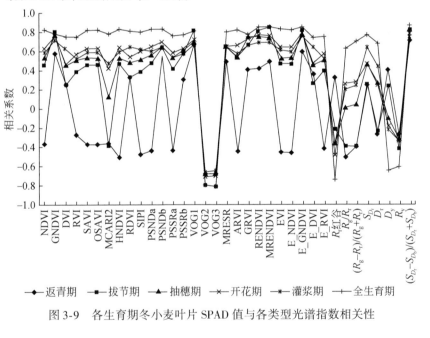

图 3-9　各生育期冬小麦叶片 SPAD 值与各类型光谱指数相关性

3.1.3.2　基于光谱参数的叶片 SPAD 值估算模型

（1）基于单个光谱参数的叶片 SPAD 值估算模型

选择 2014 年、2015 年每个生育期中与的叶片 SPAD 值相关系数最高的光谱参数作为自变量，使用最小二乘回归（LSR）建立冬小麦叶片 SPAD 值的一元估算模型（表 3-6）。返青期、抽穗期和全生育期模型选用的光谱参数是 $(S_{D_r}-S_{D_b})/(S_{D_r}+S_{D_b})$，开花期和灌浆期选用的光谱参数是 E_GNDVI，拔节期选用的光谱参数是 MRENDVI。与基于特征光谱的模型相比，基于光谱参数的返青期冬小麦叶片 SPAD 值估算模型精度有较大程度的提升（$R^2=0.521$，RSME＝2.404），其他生育期的两种模型精度相差不大。

表 3-6　不同生育期冬小麦叶片 SPAD 值单个光谱参数估算模型

生育期	光谱参数	模型	R^2	RMSE
返青期	$(S_{D_r}-S_{D_b})/(S_{D_r}+S_{D_b})$	$y=70.064x^{0.9762}$	0.521	2.404
拔节期	MRENDVI	$y=-65.814x^2+126.1x+4.7165$	0.676	2.672
抽穗期	$(S_{D_r}-S_{D_b})/(S_{D_r}+S_{D_b})$	$y=-263.4x^2+426.87x-119.06$	0.668	2.443
开花期	E_GNDVI	$y=-216.48x^2+272.75x-29.128$	0.657	2.791
灌浆期	E_GNDVI	$y=-319.81x^2+358.47x-47.259$	0.642	2.597
全生育期	$(S_{D_r}-S_{D_b})/(S_{D_r}+S_{D_b})$	$y=58.518x^2+11.495x+12.281$	0.812	3.014

（2）基于多个光谱参数的叶片 SPAD 值估算模型

在同一生育期内，与叶片 SPAD 值相关性高的光谱参数往往有多个，所涉及的波段也都是对叶绿素含量敏感的波段，因此可以使用多个光谱参数构建叶片 SPAD 值的多元估算模型。在与叶片 SPAD 值相关性较高的 8 个光谱参数中，E_GNDVI 和 MRENDVI 分别是 GNDVI 和 RENDVI 的改进参数，因此可以使用 E_GNDVI 和 MRENDVI 分别代替 GNDVI 和 RENDVI；VOG2 和 VOG3 两个光谱参数所用到的波段近似，保留相关性更稳当的 VOG2。最终选用 VOG1、VOG2、E_GNDVI、MRENDVI 和 $(S_{D_r}-S_{D_b})/(S_{D_r}+S_{D_b})$ 共 5 个光谱参数作为自变量，分别使用多元逐步回归和 SVR 建立冬小麦叶片 SPAD 值的多元估算模型（表 3-7 和表 3-8）。其中，SVR 使用 RBF 核函数，并采用格网搜索法对惩罚系数 c 和核函数系数 g 进行寻优。

表 3-7　基于 PLSR 模型的不同生育期冬小麦叶片 SPAD 值多个光谱参数估算模型

生育期	模型方程	R^2	RMSE
返青期	$y=-28.605x_1+35.739x_2+7.365x_3+65.085x_4+33.424x_5+23.569$	0.579	3.143
拔节期	$y=-103.415x_1-508.962x_2+28.853x_3+38.166x_4+23.592x_5+105.588$	0.693	2.659
抽穗期	$y=35.563x_1+227.733x_2+41.9x_3+42.233x_4+0.703x_5-34.621$	0.685	2.654
开花期	$y=-50.418x_1-92.915x_2+45.607x_3+17.296x_4+45.862x_5+55.609$	0.671	2.513

续表

生育期	模型方程	R^2	RMSE
灌浆期	$y = -76.15x_1 - 244.752x_2 + 29.959x_3 + 49.127x_4 + 37.091x_5 + 70.405$	0.673	2.494
全生育期	$y = 16.483x_1 + 97.517x_2 + 24.891x_3 + 38.431x_4 + 18.709x_5 - 13.584$	0.855	3.003

注: x_1 为 VOG1, x_2 为 VOG2, x_3 为 E_GNDVI, x_4 为 $(S_{D_r} - S_{D_b})/(S_{D_r} + S_{D_b})$, x_5 为 MRENDVI。

表 3-8 基于 SVR 模型的不同生育期冬小麦叶片 SPAD 值多个光谱参数估算模型

生育期	R^2	RMSE	c	g
返青期	0.598	1.531	20.546	2.996
拔节期	0.716	1.157	16	0.083
抽穗期	0.732	1.095	15.6	2
开花期	0.699	1.233	12	6.546
灌浆期	0.702	1.168	8	0.121
全生育期	0.912	1.232	2.414	5

从表 3-7 可以看出，与一元模型相比，各个生育期及全生育期基于多光谱参数的叶片 SPAD 值的多元估算模型精度均得到一定程度的提升。同一个生育期内，SVR 模型精度高于 PLSR 模型。这主要是因为 PLSR 模型是基于传统数理统计方法的建模方法，该模型较为简单和直观，但对于线性规律不显著的数据建模精度不高；SVR 模型是基于机器学习算法的非线性建模方法，对于规律性不明显的数据，往往能够得到精度较高的模型。

（3）模型精度检验

将 3 种基于光谱参数的冬小麦叶片 SPAD 值估算模型分别代入验证数据集，对求得的 SPAD 值预测值与实测值进行线性拟合分析，使用 R^2、RMSE、RPD 和 REP 评价各类模型的预测效果（表 3-9）。在各个生育期内，SVR 模型的预测值与实测值的拟合方程的 R^2 最高，RMSE 和 REP 最低，表明 SVR 模型的预测能力要优于 PLSR 模型和 LSR 模型；PLSR 模型对叶片 SPAD 值的预测精度高于 LSR 模型。比较不同生育期的模型可以看出，抽穗期模型预测精度最高，返青期模型预测能力最差。

表 3-9 基于光谱参数的不同生育期冬小麦叶片 SPAD 值估算模型检验

生育期	LSR 模型				PLSR 模型				SVR 模型			
	R^2	RMSE	REP	RPD	R^2	RMSE	REP	RPD	R^2	RMSE	REP	RPD
返青期	0.503	2.319	0.076	1.378	0.565	2.139	0.053	1.613	0.575	1.782	0.049	1.645
拔节期	0.657	2.376	0.067	1.662	0.656	2.167	0.061	1.703	0.698	1.233	0.035	1.712
抽穗期	0.632	2.677	0.059	1.632	0.652	2.367	0.043	1.692	0.703	1.151	0.028	1.758
开花期	0.616	2.681	0.063	1.611	0.645	2.761	0.052	1.631	0.675	1.279	0.026	1.693

续表

生育期	LSR 模型				PLSR 模型				SVR 模型			
	R^2	RMSE	REP	RPD	R^2	RMSE	REP	RPD	R^2	RMSE	REP	RPD
灌浆期	0.625	2.734	0.053	1.678	0.643	2.423	0.045	1.665	0.682	1.218	0.031	1.699
全生育期	0.751	3.437	0.031	1.872	0.791	3.346	0.023	1.982	0.833	1.332	0.015	2.015

对比基于特征光谱的冬小麦叶片 SPAD 值估算模型和本节基于光谱参数的冬小麦叶片 SPAD 值估算模型可以发现，基于光谱参数的模型 R^2 和 RMSE 与模型验证拟合方程的 R^2 和 RMSE 差异不显著，REP 更小，RPD 更大，这表明基于光谱参数的 SPAD 值估算模型的稳定性优于基于特征光谱的模型。这是由光谱参数的特点决定的。光谱参数所用到的波段一般是固定的，不受样本变化的影响；通过与各个生育期 SPAD 值进行相关性分析筛选得到的叶片叶绿素敏感光谱参数具有普遍性。因此，尽管两种模型建模精度接近，但基于光谱参数的冬小麦叶片 SPAD 值估算模型具有更好的稳定性和普适性。

3.2 冬小麦冠层叶绿素含量高光谱估算

本节分析不同叶绿素含量下的冬小麦冠层的光谱特征，并建立基于特征光谱和光谱参数的冠层叶绿素的估算模型。

试验在田间进行，每个小区选取 2 个样点，使用 SVC 测量样点区域冬小麦的冠层光谱；光谱测量完成后，在样点区域使用 SPAD 叶绿素仪测量 20 片冠层叶片的 SPAD 值，取平均值作为该样点的冠层叶绿素值。每个生育期共 80 组样本数据，每年观测 5 个生育期。使用 2014～2015 年数据作为建模样本，使用 2016 年数据对模型进行验证。冠层样点 SPAD 值统计特征见表 3-10。

表 3-10 冬小麦冠层样点 SPAD 值统计特征

项目	样本数	最小值	最大值	平均	标准误差	方差	峰度	偏度
建模集	800	6.8	62.3	45.2	0.21	107.35	1.93	0.91
验证集	400	6.9	61.7	44.7	0.29	108.55	1.81	0.79

3.2.1 不同叶绿素含量冠层光谱特征

由图 3-10～图 3-12 可以看出，冬小麦冠层光谱特征及光谱值随叶绿素含量的变化规律与叶片相似：550nm 处为反射峰，400nm 和 670nm 处为吸收谷，

670～750nm 出现红边；350～700nm 光谱反射率随着 SPAD 值的降低而升高，吸收光谱相反，并且这种规律在红光波段（600～680nm）最为明显；SPAD 值增大时，红边波段峰值升高，冠层光谱出现"红移"现象（图 3-13）。与叶片光谱不同的是，冠层光谱反射率在可见光波段的光谱反射率明显小于叶单个片光谱，这是由于在田间条件下，光谱测量的视场范围内从冠层到植株下部有多层叶片相互重叠，光谱仪测得是事实上是这些叶片和茎秆等的混合光谱，而多层叶片对光能的吸收能力更强，因而光谱仪探测器接收到的光谱反射光要少于单片叶片。已有的研究表明 700～1350nm 光谱反射率主要是由于冠层结构和水分等变化引起的，叶绿素变化对这一现象的贡献较小（刘良云，2014；罗丹等，2016）。

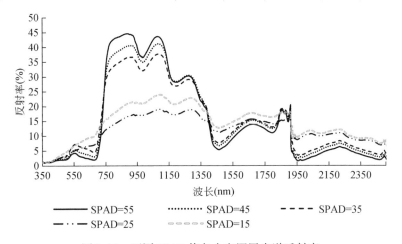

图 3-10   不同 SPAD 值冬小麦冠层光谱反射率

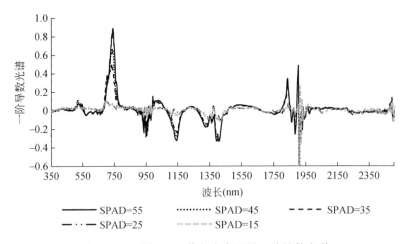

图 3-11   不同 SPAD 值冬小麦冠层一阶导数光谱

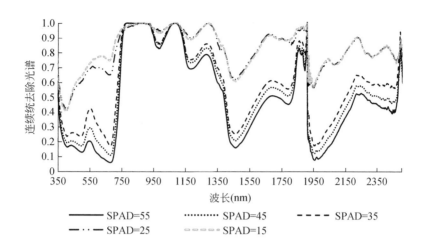

图 3-12 不同 SPAD 值冬小麦冠层连续统去除光谱

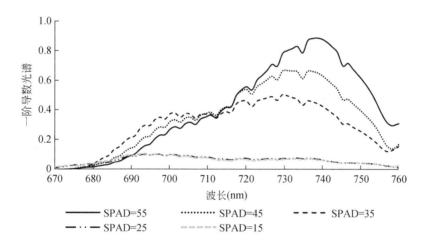

图 3-13 不同 SPAD 值冬小麦冠层红边特征

3.2.2 基于特征光谱的冠层叶绿素含量反演

3.2.2.1 冠层叶绿素含量与光谱相关性

分别将不同生育期的冠层 SPAD 值与对应的光谱反射率、一阶导数光谱、连续统去除光谱做相关性分析，结果如图 3-14 ~ 图 3-16 所示；将全部生育期数据汇总，做全生育期冬小麦冠层 SPAD 值与各类光谱的相关性分析，结果如图 3-17 所示。冠层光谱与冠层 SPAD 值的相关性在抽穗期和灌浆期较高，而拔节期、返青期和开花期相关性较低。返青期相关性弱的原因除了冬小麦植株和叶片的生理生化组分差异之外，还因为返青期田间冬小麦覆盖度低、裸露的土壤对冠层光谱影响较大；拔节期的冬小麦覆盖度有所上升，但叶片仍未完全遮住地面，因而相关性有所上升但仍不是很高；开花期冬小麦穗部的花为白色，对冠层光谱造成很大影响，因而这一时期的冠层光谱与 SPAD 值的相关性也变弱。

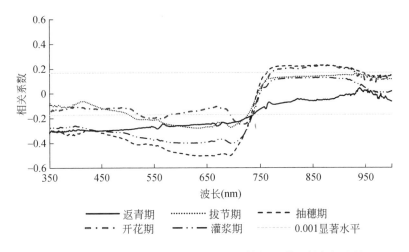

图 3-14 不同生育期冬小麦冠层 SPAD 值与光谱反射率相关性

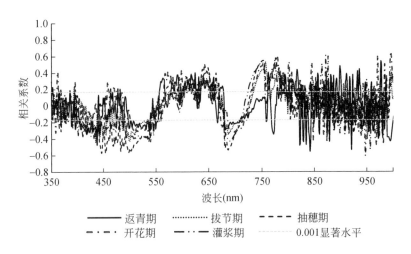

图 3-15 不同生育期冬小麦冠层 SPAD 值与一阶导数光谱相关性

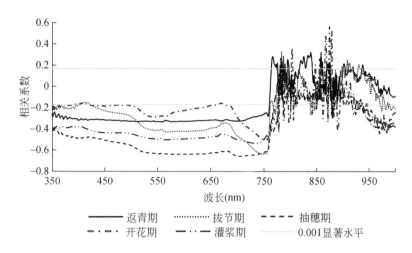

图 3-16　不同生育期冬小麦冠层 SPAD 值与连续统去除光谱相关性

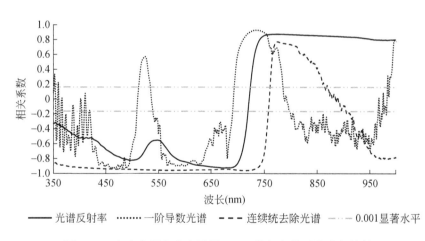

图 3-17　全生育期冬小麦冠层 SPAD 值与各类型光谱相关性

　　冠层光谱与冠层 SPAD 值的相关性在不同的生育期具有相似的规律。主要表现为：①在光谱反射率各波段上（图 3-14），350～730nm 光谱反射率与冠层 SPAD 值极显著负相关，相关系数最高点对应的波长出现在 650nm 左右；730～1000nm，光谱反射率与冠层 SPAD 值表现出弱的正相关（只有抽穗期和灌浆期达到 0.001 显著水平），且在此波长范围内基本无变化。②叶片 SPAD 值与一阶导数光谱的相关性在各波段上有较大差异（图 3-15）。各生育期冠层一阶导数光谱在 670～690nm 具有一致的显著负相关性，在 710～760nm 显著正相关。各生育期冠层一阶导数光谱 680nm 左右处达到最大负相关，在 750nm 左右达到最大正相关，且相关系数绝对值高于光谱反射率。这表明一阶导数光谱能够消除部分背景噪声，进而加强了冠层 SPAD 值与红光吸收—近红外反射波段（670～760nm）处的相关性。在 800～1000nm 冠层一阶导数光谱尽管出现了多个相关系数高值，但并没有规律性，在全生育期冠层一阶导数光谱与 SPAD 值的相关性分析中可以看到这一波段范围内二者的相关性并不高（图 3-17）。③在连续统去除光谱各波段上（图 3-16），350～750nm 各生育期的冠层连续统去除光谱与冠层 SPAD 值极显著负相关，且相关系数比较稳定；相关系数最高点对应的波长出现在 700nm 左右；同时这一范围内的相关系数绝对值均高于光谱反射率和一阶导数光谱与 SPAD 值相关系数的最大值，这表明连续统去除光谱通过增大冠层光谱的吸收特征可以显著增强可见光波段范围内冠层光谱与冠层 SPAD 值的相关性。780～1000nm 的冠层连续统去除光谱与冠层 SPAD 值的相关性不显著且缺乏规律性。

全生育期数据的相关性分析表现出与上述描述相同的规律，与叶片光谱类似，相关系数在所有波段都有了大幅度提升（图 3-17）：光谱反射率与叶片 SPAD 值相关系数最高点出现在 680nm 处（$r = -0.92$），一阶导数光谱与叶片 SPAD 值相关系数最高点出现在 720nm 处（$r = 0.94$），连续统去除光谱与叶片 SPAD 值相关系数最高点出现在 720nm 处（$r = -0.96$）。

3.2.2.2 基于特征光谱的冠层 SPAD 值估算模型

使用 2014 年、2015 年冬小麦冠层光谱数据和 SPAD 值数据，采用相关性分析结合 SPA+PLS 方法筛选特征光谱波长（表 3-11），以各类型光谱入选波长对应的特征光谱值为自变量，分别采用 PLSR 和 SVR 建立各生育期及全生育期的冬小麦叶片 SPAD 值估算模型（表 3-12）。SVR 模型使用 RBF 核函数，采用格网搜索法对惩罚系数 c 和核函数系数 g 进行寻优。

表 3-11 冬小麦冠层 SPAD 值特征光谱波长选择

生育期	光谱类型	入选特征波段（nm）
返青期	光谱反射率	764.7, 549.7, 669.5, 718.8
	一阶导数光谱	438.1, 624.9, 976.8
	连续统去除光谱	545.5, 838.1, 879
拔节期	光谱反射率	631.7, 696.2, 931.3
	一阶导数光谱	435.2, 500.9, 686.9, 756.9
	连续统去除光谱	746.5, 782.8

生育期	光谱类型	入选特征波段（nm）
抽穗期	光谱反射率	637.1，692.2，870.7
	一阶导数光谱	446.8，499.5，642.5，776.3，686.9
	连续统去除光谱	784，596.4，700.2，626.3
开花期	光谱反射率	732，725.4，549.7，676.2
	一阶导数光谱	720.1，584.1，502.3，850.3
	连续统去除光谱	873.1，749.1，537.2
灌浆期	光谱反射率	578.6，693.5，867.1
	一阶导数光谱	746.5，680.2，537.2
	连续统去除光谱	729.4，549.7，785.3
全生育期	光谱反射率	678.8，552.5，432.3，736
	一阶导数光谱	461.1，793
	连续统去除光谱	573.1，912.9，877.8，759.5

表 3-12　基于特征光谱的冬小麦冠层 SPAD 值估算模型

生育期	光谱类型	PLSR 模型		SVR 模型			
		R^2	RMSE	R^2	RMSE	c	g
返青期	光谱反射率	0.128	3.398	0.255	1.542	4	0.125
	一阶导数光谱	0.325	3.234	0.354	1.352	8	0.0625
	连续统去除光谱	0.191	3.212	0.211	1.432	24	0.016
拔节期	光谱反射率	0.231	2.653	0.312	1.231	0.036	0.25
	一阶导数光谱	0.513	2.433	0.558	0.793	6	0.832
	连续统去除光谱	0.446	2.362	0.514	0.992	30	5.66
抽穗期	光谱反射率	0.456	2.368	0.512	0.949	0.4	8
	一阶导数光谱	0.598	2.654	0.635	0.786	12	2.343
	连续统去除光谱	0.614	2.324	0.658	0.593	4	0.256
开花期	光谱反射率	0.329	2.798	0.393	1.189	10	6.2
	一阶导数光谱	0.465	2.956	0.519	0.996	0.04	16
	连续统去除光谱	0.503	2.762	0.552	0.852	12	2.343
灌浆期	光谱反射率	0.362	2.693	0.431	1.023	2	5.657
	一阶导数光谱	0.541	2.669	0.598	0.971	16	0.507
	连续统去除光谱	0.621	2.786	0.682	0.693	8	0.054

生育期	光谱类型	PLSR 模型		SVR 模型			
		R^2	RMSE	R^2	RMSE	c	g
全生育期	光谱反射率	0.912	3.251	0.939	1.102	0.272	13.928
	一阶导数光谱	0.932	3.843	0.958	1.041	8	0.0625
	连续统去除光谱	0.943	2.851	0.963	1.033	16	0.06

对比不同生育期的叶片 SPAD 值反演模型可以看出，返青期的模型精度最低，模型的 R^2 均小于 0.4；拔节期和开花期模型精度稍好，模型 R^2 分别为 0.558 和 0.552；抽穗期和灌浆期模型精度较高，模型 R^2 分别为 0.658 和 0.682；全生育期模型精度最高，模型 R^2 达到 0.9 以上。对比同一生育期内不同类型光谱建立的模型发现，对于返青期和拔节期，一阶导数光谱模型和检验精度高于光谱反射率模型和连续统去除光谱模型；而其他生育期使用连续统去除光谱作为自变量的模型比使用光谱反射率和一阶导数光谱的模型精度要高。这也与上文中叶片冠层光谱和冠层 SPAD 值的相关性分析的结果和原因相一致。相同生育期和相同光谱类型下，SVR 模型精度优于 PLSR 模型。

使用验证数据集检验模型的预测效果（表 3-13），结果显示各个生育期的模型预测精度差异较大。使用光谱反射率的模型预测效果普遍较差，拟合方程 R^2 均低于 0.4，RPD 均小于 1.4；抽穗期和灌浆期一阶导数光谱模型预测精度稍高（$R^2>0.4$），抽穗期、开花期和灌浆期的连续统去除光谱模型 R^2 稍高，为 0.412 ~ 0.566，但预测能力不高，RPD 基本不超过 1.4；全生育期冬小麦冠层 SPAD 值估算模型预测效果较好（$R^2>0.8$，RPD >1.8）；各生育期内 SVR 模型验证精度高于 PLSR 模型。

表 3-13 基于特征光谱的冬小麦冠层 SPAD 值估算模型检验

生育期	光谱类型	PLSR 模型				SVR 模型			
		R^2	RMSE	RE	RPD	R^2	RMSE	RE	RPD
返青期	光谱反射率	0.107	5.505	0.157	0.782	0.113	3.989	0.112	0.981
	一阶导数光谱	0.212	5.336	0.126	1.002	0.213	3.688	0.108	1.021
	连续统去除光谱	0.156	5.397	0.132	0.882	0.135	3.936	0.121	1.114
拔节期	光谱反射率	0.125	3.612	0.125	1.009	0.196	1.944	0.117	1.109
	一阶导数光谱	0.396	3.654	0.096	1.182	0.403	1.995	0.084	1.372
	连续统去除光谱	0.376	3.362	0.125	1.238	0.391	2.035	0.095	1.203

生育期	光谱类型	PLSR 模型				SVR 模型			
		R^2	RMSE	RE	RPD	R^2	RMSE	RE	RPD
抽穗期	光谱反射率	0.332	3.768	0.092	1.331	0.386	2.069	0.076	1.222
	一阶导数光谱	0.467	3.673	0.083	1.389	0.501	1.802	0.078	1.369
	连续统去除光谱	0.559	3.513	0.085	1.421	0.525	1.623	0.081	1.382
开花期	光谱反射率	0.276	3.976	0.119	1.239	0.302	2.211	0.097	1.211
	一阶导数光谱	0.379	3.853	0.095	1.124	0.399	2.079	0.084	1.229
	连续统去除光谱	0.412	3.769	0.093	1.362	0.428	1.911	0.081	1.386
灌浆期	光谱反射率	0.243	3.768	0.136	1.011	0.317	2.089	0.116	1.329
	一阶导数光谱	0.416	3.694	0.086	1.382	0.452	1.998	0.098	1.336
	连续统去除光谱	0.566	3.463	0.093	1.498	0.571	2.754	0.077	1.442
全生育期	光谱反射率	0.822	5.654	0.106	1.936	0.828	3.117	0.092	1.891
	一阶导数光谱	0.828	5.765	0.101	1.962	0.831	3.055	0.098	1.897
	连续统去除光谱	0.834	5.964	0.097	1.988	0.852	3.041	0.093	2.091

总体而言,由于下垫面、冠层结构、水汽、光照环境等诸多因素的影响,冠层光谱中包含的信息更为复杂,噪声也更大,而实验室环境下测得的是纯叶片光谱,因此分生育期的冠层 SPAD 值的估算模型精度低于叶片 SPAD 值估算模型。但全生育期的冠层 SPAD 值估算模型要高于叶片 SPAD 值估算模型,究其原因,可能是样本量上的差异,但需要更进一步的试验对此进行验证。此外,基于特征光谱的冬小麦冠层 SPAD 值估算模型同样出现了不稳定现象,即模型验证精度低于建模精度。

3.2.3　基于光谱参数的冠层叶绿素含量反演

3.2.3.1　冠层叶绿素含量与光谱参数相关性分析

对多种光谱参数和冬小麦叶片 SPAD 值进行相关性分析,表 3-14 中列出了与全生育期冠层 SPAD 值相关系数绝对值高于 0.8 的 30 种光谱参数。从图 3-18 可以看出,GNDVI、E_GNDVI、RENDVI、MRENDVI 和 $(S_{D_r}-S_{D_b})/(S_{D_r}+S_{D_b})$ 5 个光谱参数在各个生育期均与 SPAD 值极显著相关,且相关系数在各生育期光谱参数中均为较高水平,表现较为稳定,证明这 5 个参数是冬小麦冠层 SPAD 值的敏感参数。由上文分析可知,这几个光谱参数同时也是冬小麦叶片 SPAD 值的敏感参数。

表 3-14　冬小麦冠层 SPAD 值与光谱参数相关性

光谱参数	返青期	拔节期	抽穗期	开花期	灌浆期	全生育期
NDVI	0.32	0.35	0.61**	0.35	0.45**	0.96**
GNDVI	0.49**	0.62**	0.70**	0.61**	0.65**	0.96**
SAVI	0.31	0.35	0.61**	0.57**	0.46**	0.96**
OSAVI	0.33	0.35	0.61**	0.52**	0.45**	0.96**
CARI	-0.21	-0.27	-0.32	-0.65**	-0.26	0.87**
MTCI	0.31	0.45**	0.56**	0.42**	0.50**	0.90**
PSNDa	0.31	0.34	0.60**	0.51**	0.46**	0.96**
PSNDb	0.40**	0.41**	0.69**	0.62**	0.59**	0.95**
VOG1	0.31	0.40**	0.55**	0.54**	0.48**	0.93**
VOG2	-0.29	-0.49**	-0.57**	-0.53**	-0.51**	-0.91**
VOG3	-0.30	-0.47**	-0.55**	-0.61**	-0.50**	-0.89**
ARVI	0.30	0.44**	0.64**	0.51**	0.44**	0.96**
NPCI	-0.17	-0.51**	-0.61**	-0.57**	-0.23	-0.93**
IPVI	0.32	0.35	0.61**	0.44**	0.45**	0.96**
RENDVI	0.45**	0.65**	0.75**	0.63**	0.61**	0.97**
MRENDVI	0.46**	0.69**	0.78**	0.65**	0.62**	0.97**
E_NDVI	0.32	0.35	0.61**	0.49**	0.45**	0.96**
E_GNDVI	0.33	0.64**	0.73**	0.71**	0.67**	0.97**
R_r	-0.35	-0.24	-0.49**	0.29	-0.37	-0.93**
R_g/R_r	0.22	0.16	0.28	-0.51**	0.16	0.87**
$(R_g-R_r)/(R_g+R_r)$	0.22	0.15	0.34	-0.51**	0.17	0.94**
$(S_{D_r}-S_{D_b})/(S_{D_r}+S_{D_b})$	0.51**	0.66**	0.67**	0.66**	0.65**	0.96**
$(S_{D_r}-S_{D_y})/(S_{D_r}+S_{D_y})$	0.31	0.37**	0.58**	0.29	0.28	0.89**
D_b/D_r	-0.32	-0.44**	-0.66**	-0.28	-0.51**	-0.95**

＊＊表示 0.001 水平显著相关（$n=4800$）。

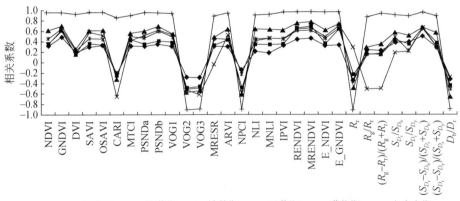

→← 返青期　■ 拔节期　▲ 抽穗期　× 开花期　＊ 灌浆期　+ 全生育期

图 3-18　各生育期小麦冠层 SPAD 值与各类型光谱相关性

3.2.3.2 基于光谱参数的冠层 SPAD 估算模型

（1）基于单个光谱参数的冠层 SPAD 值估算模型

选用 2014 年、2015 年每个生育期中与冠层 SPAD 值相关系数最高的光谱参数作为自变量，使用最小二乘回归建立冬小麦冠层 SPAD 值的一元估算模型（表 3-15）。其中，返青期选用的光谱参数是 $(S_{D_r} - S_{D_b})/(S_{D_r} + S_{D_b})$，拔节期、抽穗期和全生育期选用的是 MRENDVI，开花期和灌浆期选用的是 E_GNDVI。与基于特征光谱的模型相比，基于光谱参数的返青期冬小麦冠层 SPAD 值估算模型精度有所提升（$R^2 = 0.266$，RSME $= 1.318$），其他生育期两种模型精度相差不大。

表 3-15 不同生育期冬小麦冠层 SPAD 值单光谱参数估算模型

生育期	光谱参数	模型	R^2	RMSE
返青期	$(S_{D_r} - S_{D_b})/(S_{D_r} + S_{D_b})$	$y = 68.073x^2 - 120.81x + 102.23$	0.266	1.318
拔节期	MRENDVI	$y = -1244.8x^2 + 2013.1x - 762.1$	0.401	2.001
抽穗期	MRENDVI	$y = -183.77x^2 + 324.38x - 90.146$	0.564	1.672
开花期	E_GNDVI	$y = -106.33x^2 + 205.693x - 45.777$	0.521	1.967
灌浆期	E_GNDVI	$y = -108.46x^2 + 195.33x - 42.104$	0.493	2.031
全生育期	MRENDVI	$y = 4.3601x^2 + 40.486x + 16.342$	0.947	2.497

（2）基于多个光谱参数的冠层 SPAD 值估算模型

参考上文方法，选用 E_GNDVI、MRENDVI 和 $(S_{D_r} - S_{D_b})/(S_{D_r} + S_{D_b})$ 这 3 个光谱参数作为自变量，分别使用 PLSR 模型和 SVR 模型建立冬小麦冠层 SPAD 值的多元估算模型（表 3-16 和表 3-17）。其中，SVR 模型使用 RBF 核函数，并采用格网搜索法对惩罚系数 c 和核函数系数 g 进行寻优。与一元模型相比，各个生育期及全生育期基于多个光谱参数的冠层 SPAD 值的多元估算模型精度得到一定程度的提升。其中，抽穗期的 SVR 模型精度最好（$R^2 = 0.657$，RMSE $= 0.731$）。同一个生育期内，采用 SVR 模型精度最高。

表 3-16 基于 PLSR 模型的不同生育期冬小麦冠层 SPAD 值多光谱参数估算模型

生育期	模型方程	R^2	RMSE
返青期	$y = -32.234x_1 + 56.453x_2 + 2.435x_3 + 25.784$	0.266	1.234
拔节期	$y = -143.356x_1 + 3.562x_2 - 45.435x_3 + 98.723$	0.463	1.659
抽穗期	$y = -2.342x_1 + 134.543x_2 + 112.544x_3 - 71.453$	0.601	1.643
开花期	$y = 23.563x_1 - 12.452x_2 + 54.233x_3 + 58.847$	0.532	1.465

续表

生育期	模型方程	R^2	RMSE
灌浆期	$y = -38.423x_1 + 59.323x_2 - 54.323x_3 + 38.738$	0.506	1.789
全生育期	$y = -45.421x_1 + 29.59x_2 - 23.808x_3 + 18.479$	0.952	2.405

注：x_1 为 E_GNDVI，x_2 为 $(S_{D_r} - S_{D_b})/(S_{D_r} + S_{D_b})$，$x_3$ 为 MRENDVI。

表 3-17　基于 SVR 模型的不同生育期冬小麦冠层 SPAD 值多光谱参数估算模型

生育期	R^2	RMSE	c	g
返青期	0.306	1.146	2	5.667
拔节期	0.576	1.025	32.532	1.426
抽穗期	0.657	0.731	56.276	2.321
开花期	0.612	0.853	66.446	1.233
灌浆期	0.562	0.892	22.627	5
全生育期	0.961	1.221	181.019	16

（3）模型精度检验

将 3 种基于光谱参数的冬小麦冠层 SPAD 估算模型分别代入验证数据集，对求得的 SPAD 值预测值与实测值进行线性拟合分析，使用 R^2、RMSE、RPD 和 REP 评价各类模型的预测效果（表 3-18）。在各个生育期内，SVR 模型的预测值与实测值的拟合方程的 R^2 和 RPD 最高，RMSE 和 REP 最低，表明 SVR 模型的预测能力要优于 PLSR 模型和 LSR 模型；PLSR 模型对冠层 SPAD 值的预测精度高于 LSR 模型。比较不同生育期的模型可以看出，抽穗期模型预测精度最高，返青期模型预测能力最差。对比 3.2.2.2 小节中基于特征光谱的冬小麦冠层 SPAD 值估算模型和本节基于光谱参数的冬小麦冠层 SPAD 值估算模型，基于光谱参数的冬小麦冠层 SPAD 值估算模型 R^2 和 RMSE 与模型验证拟合方程的 R^2 和 RMSE 差异较小且具有较低的 REP 和较高的 RPD，表明基于光谱参数的冬小麦冠层 SPAD 值估算模型具有更好的稳定性和普适性。其原因除光谱参数采用固定波段范围外，还因为光谱参数通过不同波段光谱的组合运算，能够消除土壤背景、光照条件、大气等环境因素对冠层光谱的影响。

表 3-18　不同生育期冬小麦冠层 SPAD 值估算模型检验

生育期	LSR 模型				PLSR 模型				SVR 模型			
	R^2	RMSE	REP	RPD	R^2	RMSE	REP	RPD	R^2	RMSE	REP	RPD
返青期	0.235	1.812	0.143	1.023	0.249	1.454	0.118	1.087	0.282	1.378	0.107	1.123
拔节期	0.412	1.674	0.105	1.338	0.441	1.681	0.101	1.377	0.553	1.165	0.095	1.502

生育期	LSR 模型				PLSR 模型				SVR 模型			
	R^2	RMSE	REP	RPD	R^2	RMSE	REP	RPD	R^2	RMSE	REP	RPD
抽穗期	0.525	1.771	0.073	1.421	0.585	1.553	0.065	1.491	0.632	1.087	0.052	1.518
开花期	0.507	1.897	0.079	1.398	0.515	1.542	0.061	1.421	0.562	1.032	0.055	1.432
灌浆期	0.503	1.965	0.076	1.387	0.513	1.667	0.067	1.393	0.511	1.064	0.051	1.403
全生育期	0.942	2.663	0.086	1.998	0.949	2.564	0.085	2.181	0.972	1.321	0.072	2.282

3.3 结　论

本章主要研究了冬小麦叶片、冠层叶绿素含量与对应的叶片和冠层光谱的光谱特征及相关关系，并建立基于特征光谱和光谱参数的叶片及冠层 SPAD 值估算模型，得到如下结论。

1）叶片和冠层对叶绿素含量变化的响应主要集中在可见光—近红外（350～800nm），且有着相同的规律。在 350～680nm，随着叶绿素含量的增加，光谱反射率降低，光谱吸收程度加大，红边位置向长波方向移动，红边幅值升高。

2）各生育期的冬小麦叶片和冠层的 SPAD 值与各自对应的光谱在 350～1000nm 有着相似的相关性。叶片和冠层的 SPAD 值与光谱反射率在 350～700nm 都表现为显著负相关，叶片和冠层的 SPAD 值与光谱反射率负相关系数最大值都位于 690nm 处；在 750～1000nm，叶片和冠层的 SPAD 值与光谱反射率表现为弱的正相关，相关性系数不高于 0.4。叶片和冠层的 SPAD 值与一阶导数光谱在 710～760nm 表现为显著正相关，相关系数最高点在 730nm 左右；在 670～690nm，叶片和冠层的 SPAD 值与一阶导数光谱表现为强负相关，相关系数最高点在 690nm 左右。叶片和冠层的 SPAD 值与连续统去除光谱在 350～750nm 表现为显著负相关，相关系数最高点在 710nm 左右；在 750～1000nm 叶片和冠层的 SPAD 值与连续统去除光谱基本不相关。

3）分别以相关性分析结合 SPA 和 PLS 提取的光谱反射率、一阶导数光谱和连续统去除光谱的特征光谱作为自变量，使用 PLSR 和 SVR 建立不同生育期和全生育期冬小麦叶片和冠层 SPAD 值的估算模型。不同生育期的模型中，返青期模型估算 SPAD 值的效果较差，其他生育期较好；全生育期模型精度最高。在各个生育期内，SVR 模型的建模精度和检验精度均优于 PLSR 模型。

4）在多种光谱参数中，E_GNDVI、MRENDVI 和 $(S_{D_r} - S_{D_b})/(S_{D_r} + S_{D_b})$ 是冬小麦叶片和冠层共有的对叶绿素高度敏感的光谱参数。其中，$(S_{D_r} - S_{D_b})/(S_{D_r} +$

S_{D_b}）与各个生育期叶片和冠层的 SPAD 值都有着较高的相关系数，表现最为稳定。在基于光谱参数的冬小麦叶片和冠层的 SPAD 值估算模型中，多元模型的精度和预测能力优于一元模型；SVR 模型优于 PLSR 模型和 LSR 模型；基于光谱参数的模型预测能力和稳定性优于使用特征光谱的模型。

第4章 冬小麦花青素含量高光谱估算

花青素是一种黄酮类水溶性色素，与叶绿素和胡萝卜素并列为植物叶片三大色素。花青素能够调整叶片内部光环境、调节光合作用、抑制强紫外线对叶绿素的漂白作用，保护光合作用的正常进行（Steyn et al.，2002；Close and Beadle，2003）；花青素作为一种渗透调节物质，能够显著提高植物应对低温、干旱等环境胁迫的能力（Chalker-Scott，1999）；其抗氧化作用能够帮助修复受损叶片（Gould et al.，2002）。当农作物叶片受到外界环境胁迫或感染疾病时，花青素浓度升高，其含量能够直观地反映出作物受环境胁迫或病害的影响程度，可以作为农作物健康状况的指示（Lee and Gould，2002）。传统的花青素测量方法需要对作物进行破坏性采样，在实验室内使用分光光度计测量，过程较为烦琐，难以实现大规模观测。因此，使用遥感技术快速、定量监测冬小麦花青素含量变化具有较强的实际意义和应用价值。

本章使用 2016 年在乾县齐南村试验田获取的冬小麦高光谱观测数据和实测花青素含量数据，分析不同生育期内不同花青素含量的冬小麦叶片、冠层光谱特征，分别采用原始光谱、一阶导数光谱、连续统去除光谱和多种光谱参数作为自变量构建叶片和冠层两个尺度上的花青素含量估算模型，为本区冬小麦花青素含量遥感监测提供理论依据和技术支持。

4.1 冬小麦叶片花青素含量高光谱估算

本节以单个叶片为基本单位，分析冬小麦单叶片的光谱特征，并建立基于特征光谱和光谱参数的叶片花青素的估算模型。

试验于 2016 年 3~6 月进行，在田间采集各小区叶片，带回实验室测量叶片的花青素含量和光谱。使用 Dualex Scientific+仪器测得的 Anth 值表示叶片花青素含量；光谱使用与 SVC 配套的光纤光学探测模块进行测量。40 个小区中，每个小区取 8 片叶，每个生育期共 320 组样本数据，共观测 5 个生育期。每个生育期均使用 4∶1 分层抽样法选取建模集和验证集。整个生育期内叶片 Anth 值统计特征见表 4-1。

表 4-1 冬小麦叶片 Anth 值统计特征

项目	样本数	最小值	最大值	平均	标准误差	方差	峰度	偏度
建模集	1280	0.004	0.532	0.093	0.001	0.006	8.629	2.659
验证集	320	0.005	0.531	0.092	0.001	0.005	8.576	2.765

4.1.1 不同花青素含量叶片光谱特征

本节分析冬小麦叶片花青素含量在叶片光谱反射率、一阶导数光谱和连续统去除光谱上的光谱特征。作为一种色素，与叶绿素相似，花青素对冬小麦叶片光谱反射率的影响主要体现在可见光区域（Steele et al.，2009；Qin et al.，2010）。不同花青素含量的叶片光谱反射率在可见光区域表现出显著的规律性变化：在550 ~ 670nm，光谱反射率随着花青素含量的升高而增大（图 4-1），而吸收光谱则随着花青素含量的升高而减少（图 4-2）。在 670 ~ 750 nm 的红边范围内，随着花青素含量的升高，红边位置出现明显的"蓝移"现象（图 4-3 和图 4-4）。750 ~ 2350nm 的近红外范围内，光谱随花青素含量的变化没有明显的规律性。因此，冬小麦叶片花青素含量的敏感波段主要集中在 350 ~ 750nm 范围。

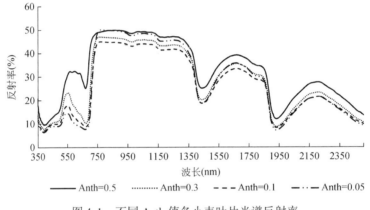

图 4-1　不同 Anth 值冬小麦叶片光谱反射率

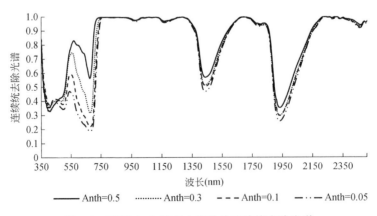

图 4-2　不同 Anth 值冬小麦叶片连续统去除光谱

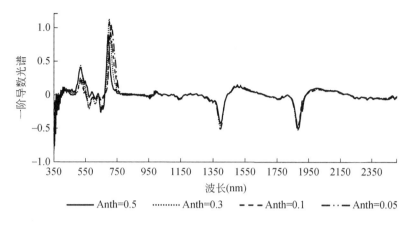

图 4-3　不同 Anth 值冬小麦叶片一阶导数光谱

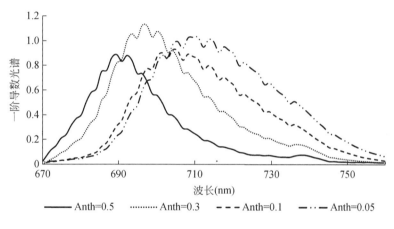

图 4-4　不同 Anth 值冬小麦叶片红边特征

4.1.2　基于特征光谱的叶片花青素含量反演

4.1.2.1　叶片花青素含量与光谱相关性

分别将不同生育期的冬小麦叶片 Anth 值与对应的光谱反射率、一阶导数光谱和连续统去除光谱做相关性分析（图 4-5 ~ 图 4-7）；将全生育期数据汇总，做冬小麦全生育期叶片 Anth 值与各类型光谱相关性分析（图 4-8）。分析结果表明，在各个生育期内，750 ~ 2500nm 的各类型光谱与冬小麦叶片 Anth

值相关性均低于 350~750nm；不同生育期的叶片 Anth 值与三种光谱相关性不同，其中拔节期、抽穗期和开花期的相关性较好，返青期相关性较差。但在各个生育期内，叶片 Anth 值与各类型光谱的相关性在不同波段上的变化规律基本一致。主要表现为：①在光谱反射率各波段上（图 4-5），525~650nm 光谱反射率与叶片 Anth 值极显著正相关，相关系数最高点出现在 600nm 左右，相关系数最大值达到 0.8 以上；680~710nm，有一个狭窄的高度正相关峰，相关系数仅次于 600nm 处。②在一阶导数光谱各波段上（图 4-6），叶片 Anth 值与一阶导数光谱相关性差异较大，480~550nm、670~690nm 两处范围内叶片 Anth 值与一阶导数光谱极显著正相关，相关系数最高点分别位于 510nm 和 685nm 处，相关系数最高都达到了 0.8 以上；570~670nm、710~770nm 两处范围内叶片 Anth 值与一阶导数光谱极显著负相关，相关系数最高点分别位于 663nm 左右和 755nm 左右，相关系数最高值都达到了 -0.8。③在连续统去除光谱各波段上（图 4-7），500~650nm、680~750nm 两处范围内叶片 Anth 值与光谱极显著正相关，相关系数最高点分别出现在 575nm 左右和 700nm 左右，相关系数最高达 0.85；770nm 处，叶片 Anth 值与连续统去除光谱极显著负相关，相关系数最高为 -0.8。

全生育期数据的相关性分析表现出与上述描述相同的规律（图 4-8），光谱反射率与叶片 Anth 值相关系数最高点出现在 578nm 处（$r=0.706$），一阶导数光谱与叶片 Anth 值相关系数最高点出现在 661nm 处（$r=0.84$），连续统去除光谱与叶片 Anth 值相关系数最高点出现在 554nm 处（$r=0.81$）。

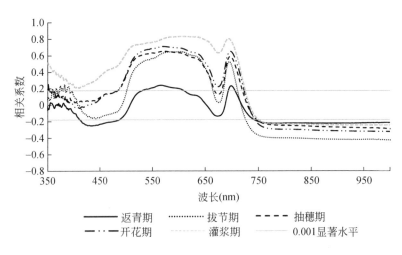

图 4-5　不同生育期冬小麦叶片 Anth 值与光谱反射率相关性

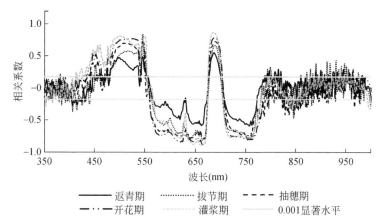

图 4-6 不同生育期冬小麦叶片 Anth 值与一阶导数光谱相关性

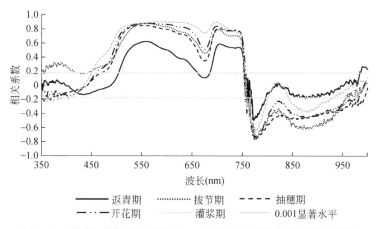

图 4-7 不同生育期冬小麦叶片 Anth 值与连续统去除光谱相关性

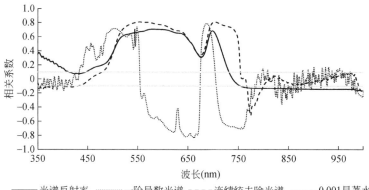

图 4-8 全生育期冬小麦叶片 Anth 值与各类型光谱相关性

4.1.2.2 基于特征光谱的叶片 Anth 值估算模型

在 MATLAB 2015a 软件中，以冬小麦叶片 Anth 值为因变量，使用连续投影算法从对应的各类型光谱数据中搜寻并提取特征波长；将这些特征波长对应的光谱值与上文相关性分析中得到的高相关性波段对应的光谱值综合，使用偏最小二乘分析计算各类型光谱值对叶片 Anth 值的重要性权重，选择权重较高的光谱值对应的波长作为最终选择的特征波长（表 4-2）。以各类型光谱入选波长对应的特征光谱值为自变量，使用建模数据集，分别采用 PLSR 和 SVR 建立各生育期及全生育期的冬小麦叶片 Anth 值估算模型（表 4-3）。SVR 模型使用 RBF 核函数，并采用格网搜索法对惩罚系数 c 和核函数系数 g 进行寻优。

表 4-2　冬小麦叶片 Anth 值特征光谱波长选择

生育期	光谱类型	入选波长（nm）
返青期	光谱反射率	432，549，565，700，850
	一阶导数光谱	492，612，672，685，754
	连续统去除光谱	500，557，704，766
拔节期	光谱反射率	552，598，695，766，923
	一阶导数光谱	515，545，588，664，691，752
	连续统去除光谱	495，558，701，752
抽穗期	光谱反射率	553，580，631，699
	一阶导数光谱	512，547，618，668，691，758
	连续统去除光谱	550，700，743，775
开花期	光谱反射率	550，572，700，770
	一阶导数光谱	500，691，621，664，763
	连续统去除光谱	560，705，780
灌浆期	光谱反射率	546，602，610，695，760
	一阶导数光谱	460，501，551，661，687，721，760
	连续统去除光谱	581，590，700，773
全生育期	光谱反射率	551，600，631，672，700，
	一阶导数光谱	506，548，661，685，758
	连续统去除光谱	550，569，703，775

对比不同生育期冬小麦叶片 Anth 值 PLSR 模型，返青期模型精度较低，不同类型光谱的模型 R^2 为 0.213 ~ 0.403，RMSE 为 0.0231 ~ 0.0345；其余四个生育

期模型精度较高，不同类型光谱的模型 R^2 为 0.533~0.868，RMSE 均小于 0.02；全生育期模型 R^2 也达到了 0.742~0.858，但由于受样本量的增加的影响，RMSE 略有增大，达到了 0.0316~0.0388。SVR 模型能够较为显著地提高模型精度，对比各个生育期和各类型光谱的 Anth 值 SVR 模型和 PLSR 模型可以看出，SVR 模型的 R^2 均高于 PLSR 模型，而 RMSE 均低于 PLSR 模型。在同一生育期内，使用连续统去除光谱作为自变量的模型精度普遍高于使用光谱反射率和一阶导数光谱作为自变量的模型。

表 4-3　基于特征光谱的冬小麦叶片 Anth 值估算模型

生育期	光谱类型	PLSR 模型		SVR 模型			
		R^2	RMSE	R^2	RMSE	c	g
返青期	光谱反射率	0.213	0.0345	0.342	0.0236	16	3.6
	一阶导数光谱	0.382	0.0266	0.397	0.0235	2	1.3
	连续统去除光谱	0.403	0.0231	0.426	0.0211	8	0.792
拔节期	光谱反射率	0.552	0.0193	0.576	0.0166	10	6.2
	一阶导数光谱	0.753	0.0172	0.769	0.0153	6	0.832
	连续统去除光谱	0.836	0.0159	0.855	0.0143	30	5.66
抽穗期	光谱反射率	0.603	0.0157	0.623	0.0139	4	0.125
	一阶导数光谱	0.673	0.0139	0.713	0.0126	8	0.0625
	连续统去除光谱	0.733	0.0104	0.767	0.0101	256	0.016
开花期	光谱反射率	0.533	0.0169	0.556	0.0134	0.036	0.25
	一阶导数光谱	0.792	0.0152	0.826	0.0123	0.272	13.928
	连续统去除光谱	0.815	0.0128	0.845	0.0089	0.354	2
灌浆期	光谱反射率	0.655	0.0153	0.701	0.0118	2	5.657
	一阶导数光谱	0.803	0.0137	0.829	0.0086	16	0.507
	连续统去除光谱	0.868	0.0121	0.891	0.0076	256	0.004
全生育期	光谱反射率	0.742	0.0388	0.792	0.0093	0.04	16
	一阶导数光谱	0.831	0.0316	0.883	0.0071	12	2.343
	连续统去除光谱	0.858	0.0334	0.897	0.0062	4	0.256

　　使用验证数据集检验模型的预测效果，将使用模型解算出的预测值与实测值进行线性拟合分析，使用 R^2、RMSE、REP 和 RPD 对预测精度进行评价（表 4-4）。结果表明，除返青期外，其余各个时期的 Anth 值最优估算模型 RPD 都高于 1.4，取得较好的预测效果。各个生育期内，SVR 模型都具有较高的 R^2 和 RPD、较低

的 RMSE 和 REP，预测精度要高于 PLSR 模型。同一生育期内，连续统去除光谱模型预测精度高于光谱反射率模型和一阶导数光谱模型。

表 4-4 基于特征光谱的冬小麦叶片 Anth 值估算模型检验

生育期	光谱类型	PLSR 模型				SVR 模型			
		R^2	RMSE	REP	RPD	R^2	RMSE	REP	RPD
返青期	光谱反射率	0.171	0.0962	0.431	1.032	0.251	0.0856	0.326	1.098
	一阶导数光谱	0.258	0.0459	0.313	1.134	0.333	0.0627	0.225	1.152
	连续统去除光谱	0.293	0.0395	0.262	1.121	0.382	0.0716	0.214	1.186
拔节期	光谱反射率	0.441	0.0365	0.275	1.323	0.497	0.0303	0.231	1.379
	一阶导数光谱	0.656	0.0291	0.496	1.435	0.698	0.0226	0.159	1.511
	连续统去除光谱	0.729	0.0179	0.414	1.637	0.749	0.0076	0.156	1.657
抽穗期	光谱反射率	0.498	0.0199	0.513	1.289	0.522	0.0158	0.264	1.339
	一阶导数光谱	0.571	0.0163	0.427	1.351	0.602	0.0133	0.197	1.392
	连续统去除光谱	0.641	0.0139	0.378	1.468	0.696	0.0096	0.135	1.499
开花期	光谱反射率	0.441	0.0187	0.446	1.223	0.691	0.0136	0.229	1.505
	一阶导数光谱	0.682	0.0132	0.389	1.458	0.706	0.0105	0.128	1.539
	连续统去除光谱	0.708	0.0129	0.316	1.693	0.737	0.0077	0.113	1.689
灌浆期	光谱反射率	0.629	0.0128	0.294	1.455	0.664	0.0113	0.168	1.562
	一阶导数光谱	0.723	0.0115	0.215	1.632	0.776	0.0065	0.125	1.717
	连续统去除光谱	0.759	0.0102	0.188	1.651	0.796	0.0052	0.097	1.805
全生育期	光谱反射率	0.712	0.0326	0.365	1.519	0.743	0.0101	0.136	1.693
	一阶导数光谱	0.759	0.0315	0.344	1.641	0.781	0.0087	0.083	1.749
	连续统去除光谱	0.783	0.0307	0.311	1.716	0.796	0.0072	0.076	1.811

SPA 在选择特征波长时的依据是叶片的光谱值对 Anth 值贡献率，因此特征波长的选择受建模样本自身影响较大，导致在使用新的数据集进行模型检验时预测精度下降，表现为各生育期模型检验的拟合方程的 RMSE 高于模型自身的 RMSE，决定系数低于模型的 R^2。

4.1.3 基于光谱参数的叶片花青素含量反演

4.1.3.1 叶片花青素含量与光谱参数相关性

对多种光谱参数和冬小麦 Anth 值进行相关性分析，表 4-5 和图 4-9 中列出了与全生育期相关系数绝对值高于 0.65 的 18 种光谱参数，包含了 400~850nm 多个花青素敏感波段。这 18 种光谱参数在各个生育期都与冬小麦叶片 Anth 值极显著相关，其中 GNDVI、E_GNDVI、S_{D_r}/S_{D_b}、S_{D_r}/S_{D_y}、$(S_{D_r}-S_{D_b})/(S_{D_r}+S_{D_b})$、$(S_{D_r}-S_{D_y})/(S_{D_r}+S_{D_y})$、RENDVI、MRENDVI 8 种光谱参数的相关系数在各生育期内都处于较高的水平，且表现稳定，证明此 8 种光谱参数是冬小麦叶片 Anth 值的敏感参数。在这 8 种光谱参数中，又以 $(S_{D_r}-S_{D_b})/(S_{D_r}+S_{D_b})$ 表现最为稳定，其次是 $(S_{D_r}-S_{D_y})/(S_{D_r}+S_{D_y})$，这两个光谱参数在各个生育期内与叶片 Anth 值都有着较高的相关系数，由前面的分析可知，在一阶导数光谱上，S_{D_r} 覆盖的范围为 490~530nm，S_{D_b} 覆盖的范围为 680~670nm、S_{D_y} 覆盖的范围为 560~640nm，这都是与叶片花青素含量高度相关的区域。

表 4-5　冬小麦叶片 Anth 值与光谱参数相关性

VIs	返青期	拔节期	抽穗期	开花期	灌浆期	全生育期
GNDVI	−0.611**	−0.875**	−0.845**	−0.869**	−0.874**	−0.788**
TCARI/OSAVI	0.477**	0.717**	0.746**	0.784**	0.853**	0.783**
MCARI/OSAVI	0.502**	0.658**	0.730**	0.779**	0.833**	0.763**
MTCI	−0.589**	−0.734**	−0.767**	−0.775**	−0.771**	−0.745**
VOG1	−0.543**	−0.704**	−0.753**	−0.765**	−0.786**	−0.742**
VOG2	0.529**	0.711**	0.763**	0.759**	0.765**	0.730**
VOG3	0.529**	0.708**	0.758**	0.754**	0.757**	0.724**
E_GNDVI	−0.623**	−0.881**	−0.851**	−0.872**	−0.876**	−0.794**
S_{D_b}	0.406**	0.627**	0.713**	0.793**	0.802**	0.717**
S_{D_r}/S_{D_b}	−0.618**	−0.826**	−0.810**	−0.834**	−0.793**	−0.765**
S_{D_r}/S_{D_y}	−0.639**	−0.863**	−0.834**	−0.834**	−0.781**	−0.739**
$(S_{D_r}-S_{D_b})/(S_{D_r}+S_{D_b})$	−0.657**	−0.871**	−0.861**	−0.894**	−0.905**	−0.850**
$(S_{D_r}-S_{D_y})/(S_{D_r}+S_{D_y})$	−0.658**	−0.890**	−0.871**	−0.881**	−0.827**	−0.792**
D_b/D_r	0.521**	0.785**	0.740**	0.783**	0.762**	0.773**
PSNDb	−0.380**	−0.757**	−0.734**	−0.820**	−0.882**	−0.678**
GRVI	−0.597**	−0.769**	−0.821**	−0.736**	−0.721**	−0.736**
RENDVI	−0.603**	−0.778**	−0.777**	−0.818**	−0.854**	−0.788**
MRENDVI	−0.628**	−0.751**	−0.785**	−0.820**	−0.853**	−0.804**

**表示 0.001 水平上显著相关（$n=1600$）。

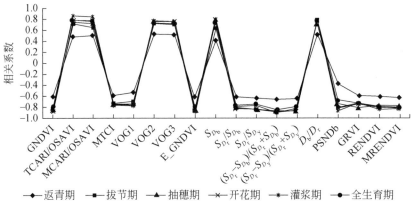

图 4-9 各生育期冬小麦叶片 Anth 值与各类型光谱相关性

4.1.3.2 基于光谱参数的叶片 Anth 估算模型

（1）基于单个光谱参数的叶片 Anth 值估算

在建模数据集中，选择每个生育期中与叶片 Anth 值相关系数最高的光谱参数作为自变量，使用最小二乘回归建立 Anth 值的一元估算模型（表4-6）。其中，拔节期选用的光谱参数为 E_GNDVI，抽穗期选用的光谱参数为 $(S_{D_r}-S_{D_y})/(S_{D_r}+S_{D_y})$，其余各个时期及全生育期选择的光谱参数为 $(S_{D_r}-S_{D_b})/(S_{D_r}+S_{D_b})$。与基于特征光谱的模型相比，基于光谱参数的返青期冬小麦叶片 Anth 值估算模型精度有所提升（$R^2 = 0.571$，RMSE = 0.0202），其他生育期两种模型精度相差不大。

表 4-6 不同生育期冬小麦叶片 Anth 值单个光谱参数估算模型

生育期	光谱参数	模型方程	R^2	RMSE
返青期	$(S_{D_r}-S_{D_b})/(S_{D_r}+S_{D_b})$	$y = 1.009x^2 - 1.7782x + 0.8407$	0.571	0.0202
拔节期	E_GNDVI	$y = -0.5575x + 0.3259$	0.765	0.0183
抽穗期	$(S_{D_r}-S_{D_y})/(S_{D_r}+S_{D_y})$	$y = 1.0015x^2 - 1.8032x + 0.8427$	0.796	0.0172
开花期	$(S_{D_r}-S_{D_b})/(S_{D_r}+S_{D_b})$	$y = -0.3852x + 0.3513$	0.791	0.0169
灌浆期	$(S_{D_r}-S_{D_b})/(S_{D_r}+S_{D_b})$	$y = 0.8624x^2 - 1.5291x + 0.7495$	0.863	0.0161
全生育期	$(S_{D_r}-S_{D_b})/(S_{D_r}+S_{D_b})$	$y = 0.3042x^2 - 1.0245x + 0.6519$	0.772	0.0367

（2）基于多个光谱参数的叶片 Anth 值估算

由上文分析可知，同一个生育期内往往有多个光谱参数与冬小麦叶片 Anth

值高度相关，因此可以使用多个光谱参数作为自变量构建冬小麦叶片 Anth 值的多元估算模型。在与叶片 SPAD 值相关性较高的 8 个光谱参数中，E_GNDVI 和 MRENDVI 分别是 GNDVI 和 RENDVI 的改进参数；S_{D_r}/S_{D_b} 与 $(S_{D_r}-S_{D_b})/(S_{D_r}+S_{D_b})$ 使用了相同波段上的光谱信息，S_{D_r}/S_{D_y} 与 $(S_{D_r}-S_{D_y})/(S_{D_r}+S_{D_y})$ 使用了相同波段上的光谱信息，而 $(S_{D_r}-S_{D_b})/(S_{D_r}+S_{D_b})$ 和 $(S_{D_r}-S_{D_y})/(S_{D_r}+S_{D_y})$ 两个光谱参数与叶片 Anth 值的相关性更好；因此，最终选用的光谱参数为 E_GNDVI、$(S_{D_r}-S_{D_b})/(S_{D_r}+S_{D_b})$、$(S_{D_r}-S_{D_y})/(S_{D_r}+S_{D_y})$ 和 MRENDVI。以这 4 个光谱参数为自变量，分别使用 PLSR 和 SVR 建立冬小麦叶片 Anth 值多元估算模型（表 4-7 和表 4-8）。其中，SVR 模型使用 RBF 核函数，并采用格网搜索法对惩罚系数 c 和核函数系数 g 进行寻优。与单光谱参数 Anth 估算模型（表 4-6）相比，各生育期的多光谱参数 Anth 估算模型的精度均有所提升（R^2 升高，RMSE 降低）。同一生育期内，使用 SVR 模型的 Anth 值估算模型具有较高的 R^2 和更低的 RMSE，精度高于 PLSR 模型。

表 4-7　基于 PLSR 模型的不同生育期冬小麦叶片 Anth 值多光谱参数估算模型

生育期	模型方程	R^2	RMSE
返青期	$y=-0.181x_1-0.247x_2-0.147x_3+0.058x_4+0.412$	0.601	0.0185
拔节期	$y=-0.078x_1-0.028x_2-0.649x_3+0.155x_4+0.501$	0.811	0.0122
抽穗期	$y=0.085x_1+0.051x_2-0.759x_3+0.081x_4+0.487$	0.802	0.0151
开花期	$y=-0.033x_1-1.282x_2+0.675x_3+0.675x_4+0.341$	0.845	0.0129
灌浆期	$y=0.093x_1-1.255x_2+0.701x_3+0.205x_4+0.348$	0.861	0.0191
全生育期	$y=-0.259x_1-0.311x_2+0.309x_3-0.285x_4+0.348$	0.812	0.0236

注：x_1 为 E_GNDVI，x_2 为 $(S_{D_r}-S_{D_b})/(S_{D_r}+S_{D_b})$，$x_3$ 为 $(S_{D_r}-S_{D_y})/(S_{D_r}+S_{D_y})$，$x_4$ 为 MRENDVI。

表 4-8　基于 SVR 模型的不同生育期冬小麦叶片 Anth 值多光谱参数估算模型

生育期	R^2	RMSE	c	g
返青期	0.612	0.0151	16	0.707
拔节期	0.822	0.0049	8	0.5
抽穗期	0.813	0.0074	2	1.414
开花期	0.851	0.0038	32	1
灌浆期	0.898	0.0026	32	0.354
全生育期	0.858	0.0039	0.125	4

（3）模型精度检验

将 3 种基于光谱参数的冬小麦叶片 Anth 估算模型分别代入验证数据集，对求得的 Anth 值预测值与实测值进行线性拟合分析，使用 R^2、RMSE、RPD 和 REP 评价各类模型的预测效果（表4-9）。各个生育期的 SVR 模型都有最高的 R^2 和 RPD、最低的 RMSE 和 REP，预测精度最高；其次是 PLSR 模型，基于单光谱参数的 LSR 模型预测精度最低。返青期叶片 Anth 值 SVR 模型预测 R^2 为 0.605，RPD = 1.481，精度和预测能力均低于其他生育期；灌浆期叶片 Anth 值 SVR 模型预测 R^2 达到 0.891，RPD = 2.245，具有最高的精度和预测能力。

表4-9　基于光谱参数的不同生育期冬小麦叶片 Anth 值估算模型检验

生育期	LSR 模型				PLSR 模型				SVR 模型			
	R^2	RMSE	REP	RPD	R^2	RMSE	REP	RPD	R^2	RMSE	REP	RPD
返青期	0.561	0.0511	0.565	1.401	0.571	0.0332	0.431	1.462	0.605	0.0165	0.312	1.481
拔节期	0.743	0.0321	0.432	1.654	0.803	0.0169	0.313	1.951	0.815	0.0086	0.123	2.056
抽穗期	0.755	0.0306	0.367	1.663	0.792	0.0187	0.332	1.864	0.806	0.0106	0.165	2.002
开花期	0.769	0.0297	0.346	1.731	0.837	0.0166	0.281	1.928	0.846	0.0075	0.094	2.153
灌浆期	0.839	0.0216	0.311	1.949	0.879	0.0192	0.194	2.031	0.891	0.0046	0.063	2.245
全生育期	0.766	0.0402	0.221	1.821	0.846	0.0261	0.253	1.979	0.855	0.0067	0.112	2.185

相较基于特征光谱的冬小麦叶片 Anth 值估算模型而言，基于光谱参数的冬小麦叶片 Anth 估算模型的 R^2 和 RMSE 与模型验证拟合方程的 R^2 和 RMSE 差异较小，RPD 更大，REP 更小，表现出较好的稳定性和适应性。

4.2　冬小麦冠层花青素含量高光谱估算

本节分析不同花青素含量下的冬小麦冠层的光谱特征，并建立基于特征光谱和光谱参数的冠层花青素的估算模型。

试验在田间进行，每个小区选取 2 个样点，使用 SVC 测量样点区域冬小麦的冠层光谱；光谱测量完成后，在样点区域使用 Dualex Scientific+仪器测量 20 片冠层的 Anth 值，取平均值作为该样点的冠层 Anth 值。每个生育期共 80 组样本数据，每年观测 5 个生育期。每个生育期均使用 4∶1 分层抽样法选取建模集和验证集。整个生育期内冠层样点 Anth 值统计特征见表4-10。

表4-10　冬小麦冠层样点 Anth 值统计特征

项目	样本数	最小值	最大值	平均	标准误差	方差	峰度	偏度
建模集	320	0.035	0.472	0.122	0.0037	0.0059	2.986	1.799
验证集	80	0.026	0.512	0.171	0.0035	0.0062	3.065	1.803

4.2.1 不同花青素含量的冠层光谱特征

冬小麦冠层光谱随花青素含量的变化规律与叶片相似，在 350 ~ 670nm，光谱反射率随着花青素含量的升高而增大（图4-10），而吸收光谱则随着花青素含量的升高而减小（图4-11）。在 670 ~ 750 nm 的红边范围内，随着花青素含量的升高，红边位置出现明显的"蓝移"现象，红边幅值也随之降低（图4-12 和图4-13）。与叶片光谱不同的是，在 750 ~ 1350nm，冠层光谱反射率表现出随花青素含量升高而降低的趋势；在 1930 ~ 2500nm，冠层光谱反射率表现出随花青素含量升高而升高的趋势（图4-10）。这主要是因为花青素含量较高的冬小麦长势较差，这两个区域光谱更多地体现出的是冬小麦冠层结构、含水量等信息，而非花青素含量的直观反映，红边范围内的红边幅值随花青素含量升高而降低的现象也与此有关。

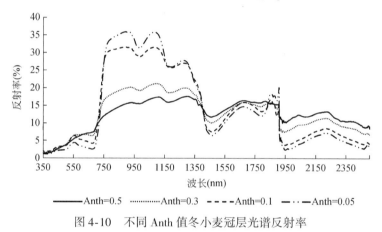

图 4-10 不同 Anth 值冬小麦冠层光谱反射率

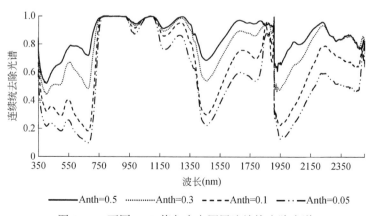

图 4-11 不同 Anth 值冬小麦冠层连续统去除光谱

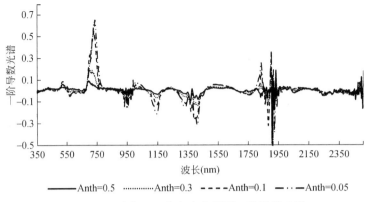

图4-12 不同Anth值冬小麦冠层一阶导数光谱

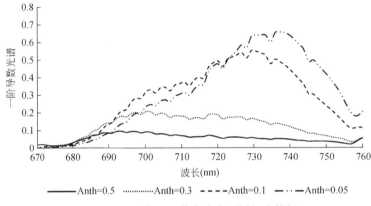

图4-13 不同Anth值冬小麦冠层红边特征

4.2.2 基于特征光谱的冠层花青素含量反演

4.2.2.1 叶片花青素含量与光谱相关性

分别将不同生育期的冬小麦冠层Anth值与对应的光谱反射率、一阶导数光谱和连续统去除光谱做相关性分析（图4-14～图4-16）；将全生育期数据汇总，做冬小麦全生育期冠层Anth值与各类型光谱的相关性分析（图4-17）。分析结果表明，冬小麦不同生育期的冠层Anth值与3种光谱相关性不同，其中拔节期相关性最高，返青期相关性较差。但在各个生育期内冠层Anth值与各类型光谱相关性在不同波段上的变化规律基本一致。主要表现为：①在反射光谱各波段上（图4-14），350～730nm，冬小麦冠层Anth值与光谱反射率正相关，所有生育期的相关系数在 570～700nm 达到极显著水平，相关系数最高点出现在 700nm 左右，最高为 0.82；在 730～1000nm，Anth 值与光谱反射率负相关，并在 740～1000nm 达到极显著水平，但相关系数都不高（-0.5 左右），没有明显的相关系数峰值点。②在一阶导数光谱上（图 4-15），冬小麦冠层 Anth 值与一阶导数光谱相关性波动比较大，整体趋势为 425～500nm、550～630nm、680～700nm 达到 0.001 水平正相关，710～760nm 达到 0.001 水平负相关。③在连续统去除光谱上（图 4-16），350～750nm 所有生育期的冬小麦冠层 Anth 值与连续统去除光谱均达到极显著水平正相关，相关系数最高点位于 736nm 左右（最高为 0.86）；750～1000nm 二者相关性较弱。

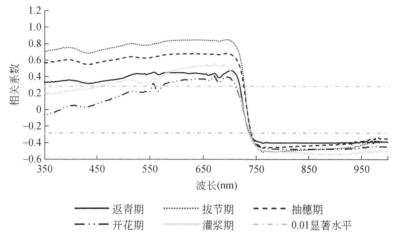

图 4-14 不同生育期冬小麦冠层 Anth 值与光谱反射率相关性

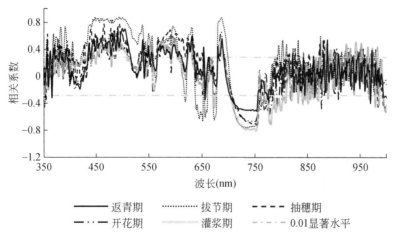

图 4-15 不同生育期冬小麦冠层 Anth 值与一阶导数光谱相关性

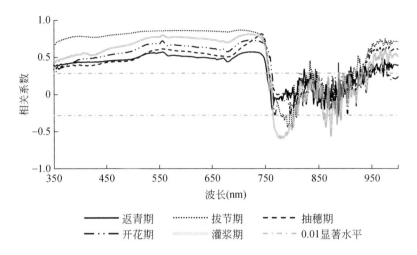

图 4-16 不同生育期冬小麦冠层 Anth 值与连续统去除光谱相关性

全生育期数据的相关性分析表现出与上述描述相同的规律（图 4-17），光谱反射率与冠层 Anth 值相关系数最高点出现在 700nm 处（$r=0.619$），一阶导数光谱与冠层 Anth 值相关系数最高点出现在 736nm 处（$r=-0.77$），连续统去除光谱与冠层 Anth 值相关系数最高点出现在 715nm 处（$r=0.821$）。

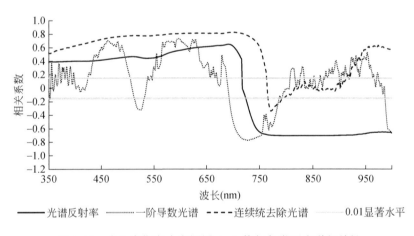

图 4-17 全生育期冬小麦冠层 Anth 值与各类型光谱相关性

4.2.2.2 基于特征光谱的冠层 Anth 值估算模型

使用建模数据集冬小麦冠层光谱数据和 Anth 值数据，采用相关性分析结合 SPA+PLS 方法筛选特征光谱波长（表 4-11），以各类型光谱入选波长对应的特征光谱值为自变量，分别采用 PLSR 和 SVR 建立各生育期及全生育期的冬小麦冠层 Anth 值估算模型（表 4-12）。SVR 模型使用 RBF 核函数，采用格网搜索法对惩罚系数 c 和核函数系数 g 进行寻优。使用验证数据集检验模型的预测效果，将使用模型解算出的预测值与实测值进行线性拟合分析，使用 R^2、RMSE、RPD 和 REP 对预测精度进行评价（表 4-13）。

表 4-11　冬小麦冠层 Anth 值特征光谱波长选择

生育期	光谱类型	特征波段（nm）
返青期	光谱反射率	557，615，704，766，790
	一阶导数光谱	500，632，688，753
	连续统去除光谱	548，718，763
拔节期	光谱反射率	442，503，625，698，762
	一阶导数光谱	500，550，595，632，652，685，745
	连续统去除光谱	501，570，702，801
抽穗期	光谱反射率	501，620，695，780
	一阶导数光谱	465，499，595，756
	连续统去除光谱	553，702，749
开花期	光谱反射率	556，670，699，783
	一阶导数光谱	490，600，630，689，752
	连续统去除光谱	557，719，765
灌浆期	光谱反射率	509，670，767，887
	一阶导数光谱	486，597，630，685，741
	连续统去除光谱	557，724，779，873
全生育期	光谱反射率	506，696，801
	一阶导数光谱	462，599，630，721，953
	连续统去除光谱	502，701，772，966

表 4-12　基于特征光谱的冬小麦冠层 Anth 值估算模型

生育期	光谱类型	PLSR 模型		SVR 模型			
		R^2	RMSE	R^2	RMSE	c	g
返青期	光谱反射率	0.253	0.0343	0.321	0.0366	12	2.337
	一阶导数光谱	0.613	0.0256	0.637	0.0312	16	0.763
	连续统去除光谱	0.536	0.0261	0.616	0.0233	6	0.836

续表

生育期	光谱类型	PLSR 模型		SVR 模型			
		R^2	RMSE	R^2	RMSE	c	g
拔节期	光谱反射率	0.753	0.0186	0.792	0.0122	32	0.05
	一阶导数光谱	0.806	0.0112	0.832	0.0081	126	6.855
	连续统去除光谱	0.812	0.0109	0.861	0.0073	0.739	12
抽穗期	光谱反射率	0.512	0.0257	0.565	0.0189	25	0.004
	一阶导数光谱	0.763	0.0167	0.785	0.0151	256	6.625
	连续统去除光谱	0.783	0.0123	0.801	0.0105	0.036	0.35
开花期	光谱反射率	0.463	0.0219	0.496	0.0204	18	0.056
	一阶导数光谱	0.681	0.0162	0.692	0.0135	2	5.6
	连续统去除光谱	0.682	0.0126	0.698	0.0116	14	0.362
灌浆期	光谱反射率	0.512	0.0175	0.557	0.0156	8	3.562
	一阶导数光谱	0.633	0.146	0.675	0.0125	98	3.75
	连续统去除光谱	0.727	0.129	0.758	0.115	32	1.226
全生育期	光谱反射率	0.713	0.0133	0.762	0.0063	0.08	20
	一阶导数光谱	0.762	0.0126	0.803	0.0051	12	2.343
	连续统去除光谱	0.772	0.0124	0.815	0.0053	16	0.256

表 4-13　基于特征光谱的冬小麦冠层 Anth 值估算模型检验

生育期	光谱类型	PLSR 模型				SVR 模型			
		R^2	RMSE	REP	RPD	R^2	RMSE	REP	RPD
返青期	光谱反射率	0.171	0.0513	0.462	0.831	0.275	0.0482	0.383	1.022
	一阶导数光谱	0.565	0.0457	0.253	1.357	0.546	0.0398	0.217	1.432
	连续统去除光谱	0.431	0.0469	0.315	1.293	0.491	0.0412	0.292	1.283
拔节期	光谱反射率	0.622	0.0298	0.193	1.492	0.706	0.0252	0.137	1.732
	一阶导数光谱	0.713	0.0232	0.166	1.655	0.751	0.0199	0.123	1.801
	连续统去除光谱	0.726	0.0219	0.153	1.693	0.761	0.0186	0.116	1.873
抽穗期	光谱反射率	0.439	0.0389	0.236	1.398	0.461	0.0336	0.214	1.209
	一阶导数光谱	0.655	0.0299	0.178	1.567	0.695	0.0269	0.168	1.673
	连续统去除光谱	0.677	0.0238	0.166	1.612	0.712	0.0225	0.144	1.855
开花期	光谱反射率	0.362	0.0401	0.374	1.281	0.405	0.0373	0.255	1.291
	一阶导数光谱	0.556	0.0298	0.193	1.402	0.601	0.0276	0.168	1.554
	连续统去除光谱	0.601	0.0259	0.152	1.556	0.625	0.0227	0.156	1.589

生育期	光谱类型	PLSR 模型				SVR 模型			
		R^2	RMSE	REP	RPD	R^2	RMSE	REP	RPD
灌浆期	光谱反射率	0.391	0.0335	0.225	1.109	0.483	0.0296	0.213	1.392
	一阶导数光谱	0.529	0.0276	0.196	1.339	0.575	0.0262	0.174	1.472
	连续统去除光谱	0.616	0.0233	0.187	1.523	0.667	0.0225	0.166	1.669
全生育期	光谱反射率	0.631	0.0285	0.148	1.593	0.671	0.0231	0.136	1.713
	一阶导数光谱	0.689	0.0256	0.135	1.605	0.713	0.0201	0.113	1.837
	连续统去除光谱	0.692	0.0244	0.133	1.732	0.722	0.0203	0.111	1.859

对比不同生育期冬小麦冠层 Anth 值 PLSR 模型精度和预测效果，返青期模型精度较低，最大 $R^2 = 0.613$，预测效果较差（最大 $R^2 = 0.565$，RPD = 1.357）；拔节期模型精度最高，最大 $R^2 = 0.812$，预测效果较好（最大 $R^2 = 0.713$，RPD = 1.693）；全生育期模型最大 $R^2 = 0.772$，预测值与实测值拟合方程 $R^2 = 0.692$，RPD = 1.732。各生育期的 SVR 模型精度均有所提升。由于返青期叶片覆盖度低，返青期模型最佳参数是能够去除土壤背景影响的一阶导数光谱，其他 4 个时期及全生育期模型最佳参数是连续统去除光谱。

4.2.3 基于光谱参数的冠层花青素含量反演

4.2.3.1 冠层花青素含量与光谱参数相关性

对多种光谱参数和冬小麦叶片 Anth 值进行相关性分析，表 4-14 中列出了与全生育期冠层 Anth 值相关系数绝对值高于 0.6 的 12 种光谱参数。从图 4-18 可以看出，GNDVI、E _ GNDVI、MTCI、RENDVI、MRENDVI、S_{D_r}/S_{D_b} 和（$S_{D_r} - S_{D_b}$）/（$S_{D_r} + S_{D_b}$）7 个光谱参数在各个生育期均与 Anth 值极显著相关，且相关系数在本生育期各光谱参数中均为较高水平，表现较为稳定，证明这 7 个光谱参数是冬小麦冠层 Anth 值的敏感参数。由上文分析可知，这几个光谱参数同时也是冬小麦叶片 Anth 值的敏感参数，所覆盖波段范围均为冠层花青素含量高度相关的区域。

表 4-14 冬小麦冠层 Anth 值与光谱参数相关性

光谱参数	返青期	拔节期	抽穗期	开花期	灌浆期	全生育期
GNDVI	−0.538 **	−0.851 **	−0.540 **	−0.644 **	−0.769 **	−0.725 **
MTCI	−0.662 **	−0.817 **	−0.802 **	−0.767 **	−0.747 **	−0.731 **

光谱参数	返青期	拔节期	抽穗期	开花期	灌浆期	全生育期
VOG1	-0.513**	-0.711**	-0.661**	-0.648**	-0.743**	-0.601**
VOG2	0.511**	0.787**	0.678**	0.644**	0.733**	0.609**
VOG3	0.502**	0.775**	0.677**	0.632**	0.715**	0.603**
E_GNDVI	-0.559**	-0.851**	-0.667**	-0.658**	-0.782**	-0.753**
S_{D_r}/S_{D_b}	-0.564**	-0.802**	-0.603**	-0.657**	-0.705**	-0.739**
$(S_{D_r}-S_{D_b})/(S_{D_r}+S_{D_b})$	-0.645**	-0.877**	-0.653**	-0.775**	-0.807**	-0.821**
NLI	-0.515**	-0.740**	-0.671**	-0.635**	-0.720**	-0.700**
MNLI	-0.516**	-0.738**	-0.675**	-0.633**	-0.718**	-0.602**
RENDVI	-0.526**	-0.857**	-0.651**	-0.691**	-0.771**	-0.756**
MRENDVI	-0.562**	-0.872**	-0.660**	-0.713**	-0.782**	-0.764**

**表示极显著相关。

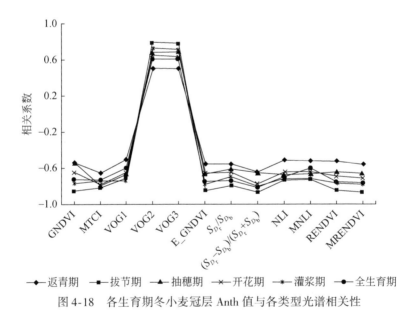

图 4-18　各生育期冬小麦冠层 Anth 值与各类型光谱相关性

4.2.3.2　基于光谱参数的冠层 Anth 值估算模型

（1）基于单个光谱参数的冠层 Anth 值估算

在建模数据集中，选择每个生育期中与冠层 Anth 值相关系数最高的光谱参数作为自变量，使用最小二乘回归建立 Anth 值的一元估算模型（表 4-15）。其中，返青期、抽穗期和全生育期选用的光谱参数为 MTCI，拔节期、开花期和灌浆期选用的光谱参数为 $(S_{D_r}-S_{D_b})/(S_{D_r}+S_{D_b})$。

表 4-15　不同生育期冬小麦冠层 **Anth** 值单光谱参数估算模型

生育期	光谱参数	模型	R^2	RMSE
返青期	MTCI	$y=0.0159x^2-0.1067x+0.2794$	0.453	0.0101
拔节期	$(S_{D_r}-S_{D_b})/(S_{D_r}+S_{D_b})$	$y=0.3796x^2-0.9076x+0.5995$	0.769	0.0076
抽穗期	MTCI	$y=0.0041x^2-0.0471x+0.2191$	0.681	0.0096
开花期	$(S_{D_r}-S_{D_b})/(S_{D_r}+S_{D_b})$	$y=1.4045x^2-2.4411x+1.1395$	0.674	0.0103
灌浆期	$(S_{D_r}-S_{D_b})/(S_{D_r}+S_{D_b})$	$y=0.6656x^2-1.558x+0.9081$	0.658	0.0101
全生育期	MTCI	$y=0.2418x^{-0.739}$	0.709	0.0185

（2）基于多个光谱参数的冠层 Anth 值估算

参考前面小节，选用 MTCI、E_GNDVI、$(S_{D_r}-S_{D_b})/(S_{D_r}+S_{D_b})$、MRENDVI 共 4 个光谱参数作为自变量，分别使用 PLSR 和 SVR 建立冬小麦冠层 Anth 值多元估算模型（表 4-16 和表 4-17）。SVR 模型使用 RBF 核函数，采用格网搜索法对惩罚系数 c 和核函数系数 g 进行寻优。与单个光谱参数冠层 Anth 值估算模型（表 4-15）相比，各生育期的多个光谱参数冠层 Anth 值估算模型的精度均有所提升（R^2 升高，RMSE 降低）。同一生育期内，使用 SVR 模型的 Anth 值估算模型具有较高的 R^2 和更低的 RMSE，精度高于 PLSR 模型。

表 4-16　基于 **PLSR** 模型的不同生育期冬小麦冠层 **Anth** 值多光谱参数估算模型

生育期	模型方程	R^2	RMSE
返青期	$y=-0.013x_1+0.276x_2-0.537x_3+0.029x_4+0.393$	0.531	0.0092
拔节期	$y=-0.002x_1+0.309x_2-0.314x_3-0.239x_4+0.321$	0.782	0.0121
抽穗期	$y=-0.014x_1+0.133x_2-0.118x_3-0.069x_4+0.209$	0.726	0.0109
开花期	$y=-0.0001x_1+0.442x_2-0.691x_3-0.11x_4+0.427$	0.711	0.0111
灌浆期	$y=0.0018x_1-0.097x_2-0.602x_3+0.033x_4+0.601$	0.692	0.0132
全生育期	$y=-0.004x_1+0.566x_2-0.547x_3-0.371x_4+0.414$	0.754	0.0211

注：x_1 为 MTCI，x_2 为 E_GNDVI，x_3 为 $(S_{D_r}-S_{D_b})/(S_{D_r}+S_{D_b})$，$x_4$ 为 MRENDVI。

表 4-17　基于 **SVR** 模型的不同生育期冬小麦冠层 **Anth** 值多光谱参数估算模型

生育期	R^2	RMSE	c	g
返青期	0.773	0.0087	90.51	0.5
拔节期	0.798	0.0079	11.314	0.25

续表

生育期	R^2	RMSE	c	g
抽穗期	0.817	0.0068	22.627	5.657
开花期	0.831	0.0065	161	1.414
灌浆期	0.726	0.0113	181.019	0.125
全生育期	0.821	0.0067	0.177	22.627

（3）模型精度检验

将 3 种基于光谱参数的冬小麦冠层 Anth 值估算模型分别代入验证数据集，对求得的 Anth 值预测值与实测值进行线性拟合分析，使用 R^2、RMSE、RPD 和 REP 评价各类模型的预测效果（表 4-18）。由表 4-18 可知，各个生育期的 SVR 模型都有最高的 R^2、最低的 RMSE 和 REP，预测精度最高；其次是 PLSR 模型，基于单个光谱参数的 LSR 模型预测精度最低。对比基于特征光谱的冬小麦冠层 Anth 值估算模型，基于光谱参数的冬小麦冠层 Anth 估算模型的 R^2 和 RMSE 与模型验证拟合方程的 R^2 和 RMSE 差异较小，REP 也更小，表现出较好的稳定性和适应性。

表 4-18 不同生育期冬小麦冠层 Anth 值估算模型检验

生育期	LSR 模型				PLSR 模型				SVR 模型			
	R^2	RMSE	REP	RPD	R^2	RMSE	REP	RPD	R^2	RMSE	REP	RPD
返青期	0.636	0.0193	0.31	1.693	0.652	0.0186	0.25	1.751	0.769	0.0094	0.21	1.887
拔节期	0.755	0.0132	0.24	1.855	0.765	0.0129	0.22	1.902	0.786	0.0087	0.20	1.926
抽穗期	0.697	0.0121	0.28	1.746	0.705	0.0116	0.26	1.811	0.805	0.0095	0.16	2.082
开花期	0.656	0.0136	0.27	1.723	0.743	0.0102	0.21	1.823	0.819	0.0077	0.13	2.113
灌浆期	0.639	0.0151	0.29	1.689	0.659	0.135	0.26	1.719	0.701	0.0123	0.15	1.834
全生育期	0.711	0.0201	0.22	1.812	0.731	0.0198	0.21	1.795	0.816	0.0099	0.17	2.051

4.3 结 论

本章研究了冬小麦叶片和冠层花青素含量与对应的叶片和冠层光谱的光谱特征及相关关系，并建立基于特征光谱和光谱参数的叶片及冠层的 Anth 值估算模型，主要结论有以下内容。

1）叶片和冠层对花青素含量变化的响应主要集中在可见光—近红外（350～

800nm）范围内，且有着相同的规律。在 350~680nm，随着花青素含量的增加，光谱反射率升高，光谱吸收程度减弱，红边位置向短波长方向移动。

2）各生育期的冬小麦叶片和冠层的 Anth 值与各自对应的光谱在 350~1000nm 有着相似的相关性。叶片和冠层的 Anth 值与光谱反射率在 525~700nm 都表现为显著正相关，在 730~1000nm 表现为弱负相关。叶片和冠层的 Anth 值与一阶导数光谱在 480~550nm、670~690nm 两处范围内表现为显著正相关，在 710~760nm 表现为显著负相关。叶片和冠层的 Anth 值与连续统去除光谱在 500~650nm、680~750nm 两处范围内表现为显著正相关，在 750~1000nm 叶片和冠层的 Anth 值与连续统去除光谱基本不相关。

3）分别以相关性分析结合 SPA 和 PLS 提取的光谱反射率、一阶导数光谱和连续统去除光谱的特征光谱作为自变量，使用 PLSR、SVR 模型建立不同生育期与全生育期冬小麦叶片和冠层 Anth 值的估算模型。不同生育期的模型中，返青期模型估算 Anth 值的效果较差，其他生育期较好；全生育期模型精度最高。在各个生育期内，SVR 模型的建模精度和检验精度均优于 PLSR 模型。

4）在多种光谱参数中，E_GNDVI、S_{D_r}/S_{D_b}、MRENDVI 和 $(S_{D_r}-S_{D_b})/(S_{D_r}+S_{D_b})$ 是冬小麦叶片和冠层共有的对叶绿素高度敏感的光谱参数。其中，$(S_{D_r}-S_{D_b})/(S_{D_r}+S_{D_b})$ 与各个生育期叶片和冠层的 Anth 值都有着较高的相关系数，表现最为稳定。在基于光谱参数的冬小麦叶片和冠层的 Anth 值估算模型中，多元模型的精度和预测能力优于一元模型；SVR 模型优于 PLSR 模型和 LSR 模型；基于光谱参数的模型预测能力和稳定性优于使用特征光谱的模型。

第 5 章 冬小麦叶面积指数高光谱估算

叶面积指数（leaf area index，LAI）是表征植被光合作用、判断冠层结构和农作物长势的重要参数，与生物量和作物产量有着密切关系。及时、准确地获取冬小麦 LAI 数据对冬小麦生长状况监测和产量估测意义重大（梁栋等，2013；夏天等，2013；杨峰等，2010）。传统 LAI 测量方法限于田间样点数据获取，难以实现大区域整体监测，遥感技术使大区域冬小麦地块 LAI 数据的快速获取成为可能。高光谱遥感数据具有更高的光谱分辨率，不同 LAI 的冬小麦冠层光谱上的差异在高光谱数据上能够得到充分、细致的体现，因此高光谱遥感能够显著提高 LAI 反演精度（田明璐等，2016a；梁亮等，2011；陈雪洋等，2012）。

本章使用 2014～2016 年在乾县齐南村试验田获取的冬小麦高光谱观测数据及实测 LAI 数据，分析不同生育期内不同 LAI 的冬小麦冠层光谱特征；选择 2014～2015 年数据分别采用原始光谱、一阶导数光谱、连续统去除光谱和多种光谱参数作为自变量构建 LAI 估算模型，并使用 2016 年所测数据对各个模型进行验证。目的在于寻找适合本区域冬小麦 LAI 反演的最优模型，为关中地区冬小麦 LAI 监测提供理论依据和技术支持。

5.1 LAI 数据统计描述

研究所用的 LAI 在田间实测获得。乾县齐南村田间试验共设置 40 个小区，每个小区选取 2 个样点，使用 SVC 测量样点区域冬小麦的冠层光谱；光谱测量完成后，使用 SunScan 植物冠层分析仪测量该样点区域的 LAI。每个生育期 80 组样点数据，每年观测 5 个生育期，共获得 400 组样点数据。使用 2014 年、2015 年数据作为建模样本，2016 年数据对模型进行验证。建模样本集和验证样本集的 LAI 统计特征见表 5-1。两样本集的均值、方差、极值范围、峰度和偏度系数等基本相同，没有差异性，能够分别用于建模集和验证集。

表 5-1 冬小麦 LAI 统计特征

项目	样本数	最小值	最大值	平均	标准误差	方差	峰度	偏度
建模集	800	0.1	9.275	2.459	0.0949	2.434	−0.824	0.296
验证集	400	0.1	9.386	2.538	0.0962	2.353	−0.839	0.289

5.2 不同 LAI 的冠层光谱特征

LAI 与冠层结构关系密切，对冠层光谱反射率的影响主要体现在近红外波段。在光谱反射率上（图 5-1），冬小麦冠层在 750~1150nm 的光谱反射率随着 LAI 的增大显著升高，即 LAI 越高，冬小麦冠层对近红外光反射越强烈。LAI 对红边光谱的影响在一阶导数光谱上有着显著的规律性（图 5-2 和图 5-3）：随着 LAI 的增大，红边位置呈现出"红移"现象，红边幅升高。LAI 对可见光波段的影响在连续统去除光谱上得到增强（图 5-4），在 350~680nm，连续统去除光谱随着 LAI 的增大而减小，即 LAI 越高，冬小麦冠层对可见光的吸收越多，反射越少。

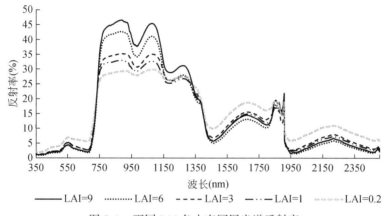

图 5-1 不同 LAI 冬小麦冠层光谱反射率

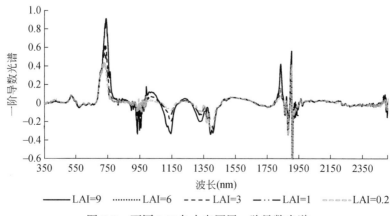

图 5-2 不同 LAI 冬小麦冠层一阶导数光谱

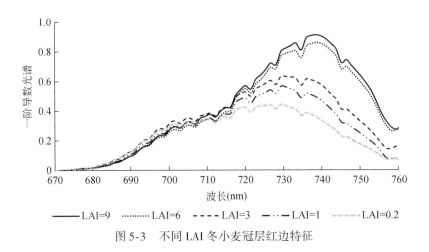

图 5-3 不同 LAI 冬小麦冠层红边特征

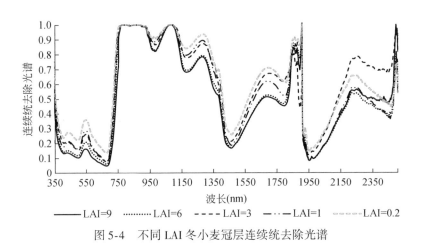

图 5-4 不同 LAI 冬小麦冠层连续统去除光谱

5.3 LAI 高光谱估算

5.3.1 基于特征光谱的 LAI 反演

5.3.1.1 冬小麦 LAI 与光谱相关性

将不同生育期的冬小麦 LAI 与对应的光谱反射率、一阶导数光谱、连续统去除光谱做相关性分析，结果如图5-5～图5-7所示；将全部生育期数据汇总，做全生育期冬小麦LAI与各类光谱的相关性分析，结果如图5-8所示。分析结果显示，LAI与各类型光谱的相关性随生育期变化差异不明显，不同生育期内冬小麦LAI与对应冠层光谱的相关性变化规律主要表现为：①在350～750nm、1400～1810nm和1900～2500nm三个波段范围内，LAI与冠层光谱反射率极显著负相关，相关系数最高值达-0.85；在760～1300nm，LAI与冠层光谱反射率极显著正相关，相关系数最高值达0.74。②LAI与一阶导数光谱的相关性在不同波段范围有着较大的差异，极显著负相关的波段范围为：450～520nm、1080～1200nm、1280～1350nm、1400～1460nm、1660～1800nm，相关系数最高达-0.87；极显著正相关的波段范围为：710～800nm、980～1080nm、1200～1250nm、1550～1650nm，相关系数最高达0.83。③LAI与连续统去除光谱在350～750nm、950～1050nm、1150～2450nm 3个波段范围极显著负相关，相关系数最高达-0.82；在其余波段范围相关性较弱。

全生育期数据的相关性分析表现出与上述相似的规律，但在350～720nm和1400～2500nm两处范围内，3类光谱与LAI的相关性与各生育期相比都有所降低。LAI与光谱反射率的相关系数最高点位于910nm处（$r = 0.56$）；LAI与一阶导数光谱相关系数最高点位于1061nm处（$r = 0.82$）；LAI与连续统去除光谱相关系数最高点位于1046nm处（$r = -0.81$）。

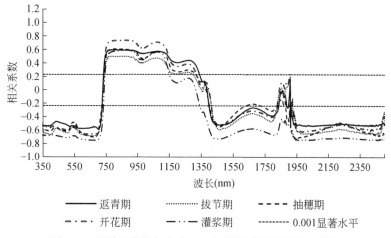

图5-5　不同生育期冬小麦LAI与冠层光谱反射率相关性

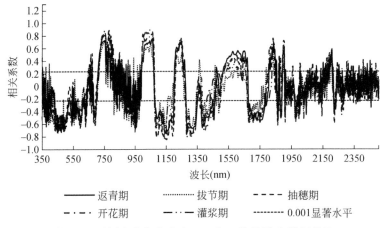

图 5-6　不同生育期冬小麦 LAI 与一阶导数光谱相关性

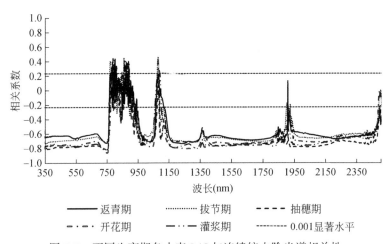

图 5-7　不同生育期冬小麦 LAI 与连续统去除光谱相关性

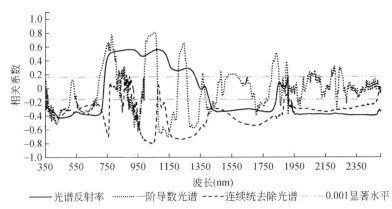

图 5-8　全生育期冬小麦 LAI 与各类型光谱相关性

5.3.1.2 基于特征光谱的 LAI 估算模型

使用 2014 年、2015 年冬小麦冠层光谱数据和 LAI 数据,采用相关性分析结合 SPA+PLS 方法筛选特征光谱波长(表 5-2),以各类型光谱入选波长对应的特征光谱值为自变量,分别采用 PLSR 和 SVR 建立各生育期及全生育期的冬小麦 LAI 估算模型(表 5-3)。SVR 模型使用 RBF 核函数,采用格网搜索法对惩罚系数 c 和核函数系数 g 进行寻优。使用 2016 年同期数据对表 5-3 中各模型进行检验,利用预测值和实测值线性拟合方程的 R^2、RMSE、RPD 和 REP 对预测精度进行评价(表 5-4)。

表 5-2 冬小麦 LAI 特征光谱波长选择

生育期	光谱类型	入选特征波长 (nm)
返青期	光谱反射率	603, 700, 802, 1056, 1279, 1465, 1946
	一阶导数光谱	540, 753, 950, 1057, 1138, 1245, 1280, 1378, 1606, 1727, 1832
	连续统去除光谱	543, 746, 801, 890, 1019, 1245, 1680, 2200
拔节期	光谱反射率	400, 503, 657, 776, 855, 1073, 1456, 1992
	一阶导数光谱	451, 491, 753, 923, 1050, 1086, 1211, 1306, 1680
	连续统去除光谱	556, 746, 769, 858, 1077, 1268, 1705, 1843
抽穗期	光谱反射率	503, 670, 825, 1080, 1465, 1940,
	一阶导数光谱	446, 595, 753, 946, 1034, 1150, 1249, 1313, 1896
	连续统去除光谱	503, 698, 782, 1041, 1260, 1451, 1955
开花期	光谱反射率	511, 646, 698, 807, 1065, 1465, 1979
	一阶导数光谱	454, 598, 687, 756, 779, 956, 1043, 1138, 1241, 1280, 1829
	连续统去除光谱	538, 752, 788, 866, 1038, 1077, 1260, 1676, 2152
灌浆期	光谱反射率	513, 692, 876, 1077, 1450, 1810, 1952
	一阶导数光谱	471, 689, 752, 949, 1055, 1141, 1241, 1315, 1828
	连续统去除光谱	451, 551, 746, 798, 892, 971, 1080, 1188, 1812, 1953
全生育期	光谱反射率	449, 663, 902, 1062, 1453, 1766
	一阶导数光谱	436, 629, 779, 946, 1057, 1134, 1241, 1306
	连续统去除光谱	757, 1046, 1226, 1691

表 5-3　基于特征光谱的冬小麦 LAI 估算模型

生育期	光谱类型	PLSR 模型		SVR 模型			
		R^2	RMSE	R^2	RMSE	c	g
返青期	光谱反射率	0.562	0.344	0.596	0.076	1	0.125
	一阶导数光谱	0.612	0.321	0.632	0.064	2.828	0.177
	连续统去除光谱	0.602	0.332	0.623	0.049	16	0.008
拔节期	光谱反射率	0.523	0.363	0.538	0.089	2	0.356
	一阶导数光谱	0.535	0.329	0.546	0.077	12	0.657
	连续统去除光谱	0.541	0.313	0.567	0.065	4	0.165
抽穗期	光谱反射率	0.611	0.313	0.629	0.052	3.453	5.342
	一阶导数光谱	0.625	0.306	0.633	0.046	2	0.657
	连续统去除光谱	0.642	0.289	0.651	0.042	32	1.987
开花期	光谱反射率	0.675	0.213	0.699	0.033	1	0.168
	一阶导数光谱	0.723	0.201	0.756	0.011	16	0.005
	连续统去除光谱	0.702	0.211	0.725	0.032	3.654	0.544
灌浆期	光谱反射率	0.676	0.226	0.697	0.035	16	0.035
	一阶导数光谱	0.683	0.221	0.716	0.026	2.828	0.008
	连续统去除光谱	0.701	0.198	0.733	0.021	4	0.004
全生育期	光谱反射率	0.533	0.478	0.561	0.077	6.332	2
	一阶导数光谱	0.598	0.399	0.634	0.046	5.657	0.125
	连续统去除光谱	0.651	0.279	0.679	0.035	32	0.008

表 5-4　基于特征光谱的冬小麦 LAI 估算模型检验

生育期	光谱类型	PLSR 模型				SVR 模型			
		R^2	RMSE	REP	RPD	R^2	RMSE	REP	RPD
返青期	光谱反射率	0.513	0.486	0.309	1.138	0.523	0.118	0.276	1.368
	一阶导数光谱	0.528	0.455	0.321	1.141	0.532	0.103	0.253	1.409
	连续统去除光谱	0.519	0.452	0.318	1.137	0.512	0.117	0.227	1.321
拔节期	光谱反射率	0.451	0.493	0.352	1.135	0.521	0.126	0.285	1.235
	一阶导数光谱	0.462	0.453	0.335	1.264	0.533	0.116	0.257	1.353
	连续统去除光谱	0.476	0.451	0.329	1.302	0.539	0.105	0.249	1.412
抽穗期	光谱反射率	0.578	0.441	0.273	1.492	0.512	0.123	0.216	1.258
	一阶导数光谱	0.602	0.413	0.233	1.598	0.538	0.116	0.236	1.332
	连续统去除光谱	0.613	0.405	0.213	1.611	0.555	0.111	0.209	1.365

生育期	光谱类型	PLSR 模型				SVR 模型			
		R^2	RMSE	REP	RPD	R^2	RMSE	REP	RPD
开花期	光谱反射率	0.622	0.357	0.201	1.602	0.615	0.077	0.179	1.541
	一阶导数光谱	0.695	0.327	0.179	1.721	0.683	0.067	0.165	1.673
	连续统去除光谱	0.681	0.331	0.193	1.775	0.669	0.051	0.167	1.612
灌浆期	光谱反射率	0.638	0.359	0.225	1.629	0.618	0.069	0.179	1.531
	一阶导数光谱	0.655	0.341	0.212	1.716	0.628	0.065	0.167	1.522
	连续统去除光谱	0.675	0.327	0.203	1.727	0.632	0.057	0.173	1.587
全生育期	光谱反射率	0.508	0.596	0.365	1.353	0.519	0.096	0.241	1.393
	一阶导数光谱	0.567	0.511	0.317	1.411	0.601	0.081	0.202	1.525
	连续统去除光谱	0.621	0.498	0.285	1.606	0.623	0.066	0.197	1.579

各个生育期内，SVR 模型的建模精度和预测精度高于 PLSR 模型。不同生育期及全生育期 LAI 估算模型精度最高 R^2 均在 0.6 以上，其中开花期模型 R^2 最高达到 0.756，RMSE = 0.011；其次是灌浆期，SVR 模型决定系数最高（R^2 = 0.733），RMSE = 0.021；拔节期模型精度相对较低。对于不同光谱类型的模型，在返青期和开花期，一阶导数光谱是 LAI 估算模型的最优参数，对 LAI 的预测精度最高；拔节期、抽穗期和灌浆期使用连续统去除光谱作为参数取得最高的建模精度和预测精度。模型检验中实测值与预测值拟合方程的决定系数普遍小于模型的 R^2，RMSE 高于模型，从 RPD 值来看，抽穗期采用连续统去除光谱和 PLSR 模型预测能力较强（RPD=1.611），其他生育期采用各自最佳光谱且使用 SVR 模型才能保证较好的预测能力（RPD>1.4），说明基于特征光谱的冬小麦 LAI 估算模型的稳定性和适用性还不够高。

5.3.2 基于光谱参数的 LAI 反演

5.3.2.1 LAI 与光谱参数相关性

对多种光谱参数和冬小麦 LAI 进行相关性分析，表 5-5 中列出了与全生育期 LAI 相关系数绝对值高于 0.45 的 15 种光谱参数。由图 5-9 可以看出，RVI、VOG2、VOG3 和 E_RVI 4 个光谱参数在各个生育期和全生育期与 LAI 的相关性都处于较高水平。对于每一种光谱参数，在每个单独的生育期内该指数与 LAI 的相关系数总高于其与全生育期的相关系数。在参与分析的光谱参数中，缺乏与全生育期冬小麦 LAI 高度相关的光谱参数。为了寻找适合全生育期冬小麦 LAI 反演的敏感光谱参数，将 350 ~ 2500nm 的光谱反射率进行任意两波段组合，构建所有可能组合的 DSI、RSI 和 NDSI，并计算全生育期 LAI 与这些指数的线性拟合方程的 R^2，如图 5-10 所示，图中坐标为波段编号。分析结果表明，776nm 和 801nm 两处波段的光谱反射率组合构建的 DSI、RSI 和 NDSI 均在各自的 R^2 分布图中达到最大值，R^2 分别为 0.783、0.755 和 0.753。分别计算不同生育期的 LAI 与 DSI（776，801）、RSI（776，801）和 NDSI（776，801）的相关性，结果见表 5-6，这三个新建的光谱指数与不同生育期 LAI 也有着较高的相关系数，表明这 3 个光谱指数是 LAI 的敏感光谱指数。

表 5-5　冬小麦 LAI 与光谱参数相关性

光谱参数	返青期	拔节期	抽穗期	开花期	灌浆期	全生育期
NDVI	0.606 **	0.667 **	0.779 **	0.725 **	0.763 **	0.452 **
GNDVI	0.667 **	0.683 **	0.769 **	0.788 **	0.787 **	0.481 **
DVI	0.636 **	0.559 **	0.707 **	0.780 **	0.689 **	0.521 **
RVI	0.647 **	0.712 **	0.839 **	0.829 **	0.821 **	0.556 **
SAVI	0.608 **	0.667 **	0.783 **	0.730 **	0.764 **	0.454 **
OSAVI	0.606 **	0.667 **	0.780 **	0.727 **	0.764 **	0.453 **
VOG1	0.696 **	0.694 **	0.779 **	0.800 **	0.767 **	0.456 **
VOG2	−0.719 **	−0.693 **	−0.791 **	−0.827 **	−0.806 **	−0.539 **
VOG3	−0.717 **	−0.691 **	−0.787 **	−0.825 **	−0.804 **	−0.522 **
MRESR	0.682 **	0.694 **	0.802 **	0.826 **	0.809 **	0.454 **
E_NDVI	0.608 **	0.666 **	0.779 **	0.727 **	0.764 **	0.451 **
E_GNDVI	0.659 **	0.682 **	0.767 **	0.783 **	0.785 **	0.479 **
E_DVI	0.637 **	0.719 **	0.706 **	0.780 **	0.689 **	0.532 **
E_RVI	0.654 **	0.716 **	0.840 **	0.833 **	0.823 **	0.562 **
GRVI	0.692 **	0.680 **	0.772 **	0.841 **	0.794 **	0.453 **

＊＊表示 0.001 水平上显著相关（$n = 1200$）。

表 5-6　冬小麦 LAI 与新建光谱指数相关性

光谱指数	返青期	拔节期	抽穗期	开花期	灌浆期	全生育期
DSI（776，801）	0.702 **	0.684 **	0.846 **	0.888 **	0.815 **	0.885 **
RSI（776，801）	0.711 **	0.702 **	0.861 **	0.835 **	0.821 **	0.869 **
NDSI（776，801）	0.713 **	0.715 **	0.853 **	0.876 **	0.818 **	0.868 **

＊＊表示 0.001 水平上显著相关（$n = 1200$）。

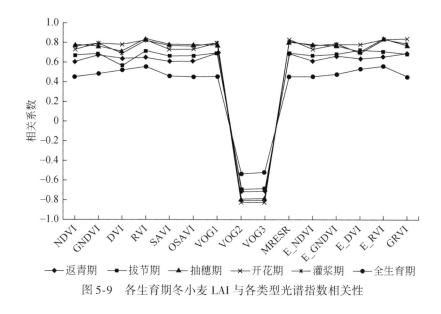

图 5-9　各生育期冬小麦 LAI 与各类型光谱指数相关性

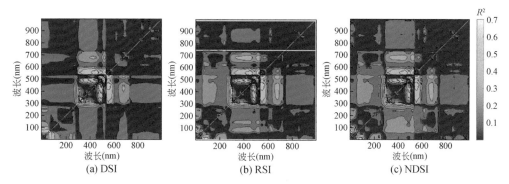

图 5-10　全生育期冬小麦 LAI 与光谱反射率任意两波段光谱指数 R^2 分布图

5.3.2.2　基于光谱参数的 LAI 估算模型

（1）基于单个光谱参数的 LAI 一元估算模型

在建模数据集中，选择每个生育期中与 LAI 相关系数最高的光谱参数作为自变量，使用最小二乘回归建立 LAI 的一元估算模型（表 5-7）。返青期使用的光谱参数为 VOG2，拔节期和灌浆期使用的光谱参数为 E_RVI，抽穗期使用的光谱参数为 RSI（776，801），开花期和全生育期模型使用的光谱参数为 DSI（776，801）。与基于特征光谱的模型相比，基于光谱参数的开花期和全生育期冬小麦 LAI 估算模型精度有较大提升。

表5-7 不同生育期冬小麦 LAI 单个光谱参数估算模型

生育期	光谱参数	模型方程	R^2	RMSE
返青期	VOG2	$y = 2.0602x^2 - 1.1227x + 0.0871$	0.521	0.125
拔节期	E_RVI	$y = 0.1569x^{0.6664}$	0.599	0.145
抽穗期	RSI (776, 801)	$y = 2.3933x^{1.3048}$	0.734	0.131
开花期	DSI (776, 801)	$y = 0.754x^2 + 2.3075x + 0.1737$	0.791	0.125
灌浆期	E_RVI	$y = 0.9232x^{0.5995}$	0.741	0.133
全生育期	DSI (776, 801)	$y = 0.5914x^2 + 3.4472x - 1.0622$	0.784	0.221

（2）基于多个光谱参数的 LAI 多元估算模型

选用 VOG2、E_RVI、DSI（776，801）、RSI（776，801）和 NDSI（776，801）5 个光谱参数作为自变量，分别使用 PLSR 和 SVR 建立各生育期的冬小麦 LAI 多元估算模型（表5-8 和表5-9）。其中，SVR 模型使用 RBF 核函数，并采用格网搜索法对惩罚系数 c 和核函数系数 g 进行寻优。与 LAI 单个光谱参数估算模型（表5-7）相比，各生育期的 LAI 多个光谱参数估算模型的精度均有所提升（R^2 升高，RMSE 降低）。同一生育期内，使用 SVR 模型的 LAI 估算模型具有较高的 R^2 和更低的 RMSE，精度高于 PLSR 模型。

表5-8 基于 PLSR 模型的不同生育期冬小麦 LAI 多个光谱参数估算模型

生育期	模型方程	R^2	RMSE
返青期	$y = -2.481x_1 - 0.027x_2 + 0.424x_3 - 807.5x_4 + 1656.3x_5 + 807.3$	0.593	0.116
拔节期	$y = -0.489x_1 + 0.031x_2 + 0.102x_3 - 2368.4x_4 + 4835.9x_5 + 2368.2$	0.611	0.113
抽穗期	$y = 7.676x_1 + 0.155x_2 + 1.8x_3 - 6012.5x_4 + 12406.3x_5 - 6010.1$	0.785	0.109
开花期	$y = -3.626x_1 - 0.046x_2 + 3.548x_3 - 1783.5x_4 + 3677.7x_5 - 1781.9$	0.802	0.103
灌浆期	$y = -1.999x_1 + 0.077x_2 + 1.708x_3 - 5731.4x_4 + 11898.8x_5 - 5728.2$	0.767	0.111
全生育期	$y = -0.096x_1 - 0.422x_2 + 6.605x_3 + 293.4x_4 - 699.8x_5 - 292.6$	0.819	0.189

注：x_1 为 VOG2，x_2 为 E_RVI，x_3 为 DSI（776，801），x_4 为 RSI（776，801），x_5 为 NDSI（776，801）。

表5-9 基于 SVR 模型的不同生育期冬小麦 LAI 多个光谱参数估算模型

生育期	R^2	RMSE	c	g
返青期	0.612	0.0053	64	0.0078
拔节期	0.621	0.0089	4	0.0039
抽穗期	0.803	0.0076	256	0.0156

生育期	R^2	RMSE	c	g
开花期	0.825	0.0067	58	0.6771
灌浆期	0.791	0.056	2	0.0442
全生育期	0.897	0.027	1.414	2

（3）模型精度检验

将 3 种基于光谱参数的 LAI 估算模型分别代入验证数据集，对求得的 LAI 预测值与实测值进行线性拟合分析，使用 R^2、RMSE、RPD 和 REP 评价各类模型的预测效果（表 5-10）。各个生育期的 SVR 模型都有最高的 R^2 和 RPD、最低的 RMSE 和 REP，预测精度最高；其次是 PLSR 模型，基于单个光谱参数的 LSR 模型预测精度最低。不同生育期的模型中，开花期的模型精度最高：建模 R^2 最高达到 0.825，预测 R^2 最高达到 0.801，RPD = 2.371，预测能力最好；返青期 LAI 估算模型预测精度低于其他生育期。

表 5-10　基于光谱参数的不同生育期冬小麦 LAI 估算模型检验

生育期	LSR 模型				PLSR 模型				SVR 模型			
	R^2	RMSE	REP	RPD	R^2	RMSE	REP	RPD	R^2	RMSE	REP	RPD
返青期	0.505	0.273	0.182	1.356	0.552	0.198	0.181	1.403	0.596	0.0107	0.176	1.468
拔节期	0.563	0.169	0.173	1.411	0.593	0.176	0.189	1.505	0.605	0.0101	0.165	1.512
抽穗期	0.705	0.154	0.135	1.878	0.751	0.112	0.126	1.993	0.782	0.0091	0.122	2.225
开花期	0.755	0.152	0.126	2.012	0.786	0.145	0.116	2.215	0.801	0.0078	0.108	2.371
灌浆期	0.718	0.166	0.134	1.873	0.733	0.136	0.129	1.973	0.742	0.0079	0.124	2.018
全生育期	0.761	0.321	0.122	2.123	0.789	0.316	0.119	2.283	0.861	0.0062	0.097	2.531

与基于特征光谱的冬小麦 LAI 估算模型相比，本节中基于光谱参数的 LAI 估算模型在各个生育期和全生育期的建模精度和预测精度都有提高，其中全生育期模型的建模和预测精度提高最为明显，表明基于 776nm 和 801nm 波段光谱反射率的新建光谱指数对 LAI 具有良好的指示效果；此外，基于光谱参数的 LAI 估算模型的 R^2 和 RMSE 与模型验证拟合方程的 R^2 和 RMSE 差异较小，REP 也更小，各生育期最优模型的 RPD 均大于 1.4，高值达到 2.0 以上，表现出很好的稳定性和适应性。

5.4 结　论

本章研究冬小麦 LAI 与冠层光谱之间的相关关系，使用冠层光谱的特征光谱及提取的多种光谱参数构建冬小麦各生育期及全生育期的 LAI 估算模型，主要结论如下。

1）随着冬小麦 LAI 增大，冠层光谱在 350~680nm 光谱反射率降低，在 680~750nm 红边范围表现红边幅值升高、红外位置"红移"，在 750~1150nm 光谱反射率升高。

2）冬小麦 LAI 与冠层光谱反射率在 350~750nm 和 1400~2500nm 显著负相关，在 760~1300nm 显著负相关；与一阶导数光谱在多个较窄的波段范围内显著相关；与连续统去除光谱在 250~750nm 和 950~2450nm 显著负相关。

3）不同生育期基于特征光谱的冬小麦 LAI 估算模型中，开花期和灌浆期模型精度和预测能力较强。返青期和开花期使用一阶导数光谱作为参数的模型精度较高，其他生育期和全生育期使用连续统去除光谱作为参数的模型精度较高。

4）RVI、VOG2、VOG3 和 E_RVI 4 个光谱参数在各个生育期与冬小麦 LAI 的相关性处于较高水平，但与全生育期冬小麦 LAI 相关系数较低。使用任意波段光谱反射率两两组合构建的光谱指数 DSI（776，801）、RSI（776，801）和 NDSI（776，801）与 LAI 的相关性在各生育期（$r>0.7$）和全生育期（$r>0.85$）均有较高的相关性，是冬小麦 LAI 的敏感光谱指数。基于光谱参数的 LAI 估算比基于光谱参数的模型具有更高的模型精度和预测能力，稳定性和适用性也更好。

第6章 冬小麦叶片氮素含量高光谱估算

氮是小麦的主要营养元素，在作物体中的含量为干物质质量的 0.3% ~ 5%，是作物正常生长必需的 16 种基本元素之一，它对小麦的生命活动及小麦的品质和产量有着极其重要的影响（沈阿林和王朝辉，2010；El-Shikha et al.，2007；Ecarnot et al.，2013）。当叶片和植株内氮素缺乏或者过量时，就会引起植物蛋白质、核酸、核蛋白及植物激素、维生素等重要高分子物质的合成。小麦在不同生长阶段的叶片氮素营养吸收、运转和同化作用，都会引起叶片颜色、形状大小、形态结构等的变化，其叶片光谱反射随之做出响应（尚艳等，2016；李粉玲和常庆瑞，2017），并在小麦群体冠层光谱上得到反映，引起可见光—近红外光谱特性的变化（Clevers and Gitelson，2013；Chen et al.，2010；Baret et al.，2007）。本章利用训练样点获取的小麦冠层反射光谱和叶片全氮含量，基于不同方法提取的特征参数进行叶片氮含量的回归建模，并利用检验样点进行模型的验证和测试，系统对比和分析不同特征参数对冬小麦叶片氮含量的估算能力。

6.1 冠层光谱与叶片氮含量的相关性分析

将冬小麦原始光谱反射率、导数光谱反射率和对数光谱反射率与叶片氮含量（Leaf nitrogen content，LNC）进行相关性分析（样点数 252），结果如图 6-1 所示。从原始光谱反射率与冬小麦叶片氮含量的相关系数分布中可以看出，叶片氮含量与光谱反射率在 400 ~ 740nm 呈负相关关系，400 ~ 736nm 波段间的相关系数均达到 0.01 的显著水平，其中 400 ~ 720nm 光谱反射率与叶片氮含量的相关系数绝对值高于 0.6，400 ~ 600nm 相关系数略有波动，509 ~ 513nm 存在一个小的相关系数高值区，相关系数为 -0.73，叶片氮含量与原始光谱反射率的最大相关系数为 -0.75，位于 614 ~ 644 nm 波段。740 ~ 1310nm 原始光谱反射率与叶片氮含量呈正相关关系，其中 746 ~ 1145nm 原始光谱反射率与叶片氮含量的相关性达到 0.01 的显著性水平，但整体上的相关程度弱于 750nm 以内的可见光部分，最高相关系数为 0.4，位于 779 ~ 785nm 波段。1145 ~ 1350nm 冠层光谱反射率与叶片氮含量呈负相关关系，相关性低于 0.01 的显著性水平。

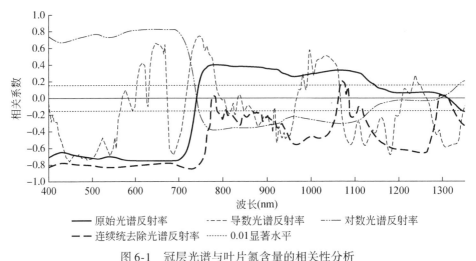

图 6-1 冠层光谱与叶片氮含量的相关性分析

叶片氮含量与对数光谱反射率、连续统去除光谱反射率的相关性整体上优于与原始光谱反射率的相关性。通过对冠层光谱进行对数变化，扩大了光谱曲线之间的差异，增强了光谱曲线之间的识别能力。对数光谱反射率和叶片氮含量的相关关系与原始光谱反射率及叶片氮含量的相关关系相反，叶片氮含量与 400~740nm、1300~1350nm 的对数光谱反射率呈正相关关系，相关系数的绝对值均高于原始光谱反射率与叶片氮含量的相关系数，600~700nm 的对数光谱显著改善了原始光谱与叶片氮含量之间的相关性，其中 642~652nm 波段与叶片氮含量的相关系数最高，为 0.83。叶片氮含量与 740~1300nm 的对数光谱反射率呈负相关。

导数光谱反射率在可见光部分与叶片氮含量的相关性多变，相关关系曲线波动较大，在 435~465nm 与叶片氮含量的相关性优于原始光谱反射率，最高相关系数为 447nm 的 -0.76。近红外 728~778nm、920~960nm、1008~1061nm、1075~1350nm 提升了原始光谱反射率与叶片氮含量的相关性，其中 734~757nm、789~792nm 和 1176~1185nm 的导数光谱反射率与叶片氮含量的相关系数高于 0.6。

连续统去除光谱反射率在 400~765nm、934~1050nm、1124~1290nm、1304~1350nm 波段明显改善了原始光谱反射率与叶片氮含量之间的相关性，其中 400~760nm、1180~1270nm 的相关系数绝对值高于 0.6，721~727nm 的相关性最好，相关系数为 -0.85。

从不同变换光谱的敏感波段区间里，选择与叶片氮含量相关系数最高的波段作为敏感波段，分别为原始光谱 630nm 波段、导数光谱 447nm 波段、对数光谱 645nm 波段、连续统去除光谱 725nm，以敏感波段的反射率建立不同光谱变换的叶片氮含量估算模型（图 6-2）。结果表明，不同变换光谱、不同敏感波段反射率与小麦叶片氮含量的定量关系都更适合用指数模型来拟合。基于导数光谱的指数模型并没有提高叶片氮含量估算模型的精度，由于导数变换后的反射率数值较低，不同反射率之间的差异性减弱，252 个样点在 447nm 上的导数光谱不连续，对模型的构建有一定的影响。从模型的测试和检验结果来看（图 6-3），导数光谱的小麦叶片氮含量的模拟值与观测值间的拟合决定系数为 0.73，与原始光谱的指数模型决定系数相同，但均方根误差略高于原始光谱。基于红光敏感波段的对数光谱和基于红边位置的连续统去除光谱显著提高了叶片氮含量的估算精度，因此所建指数模型的决定系数分别为 0.733 和 0.789，检验样本（63 个）实测值与预测值的拟合决定系数分别为 0.72 和 0.85，RMSE 分别为 0.18 和 0.09，REP 分别为 12.06 和 6.38。连续统去除光谱对叶片氮含量高值的估算精度明显优于其他变换光谱，拟合值与实测值的分布接近于 1∶1 线。因此认为，连续统去除光谱在红边区域 725nm 的反射率建立的叶片氮含量估算模型：$LNC = 18.857exp(-5.891R_{725nm})$ 可用于指示不同条件下的全生育期小麦叶片氮素状况的动态变化。

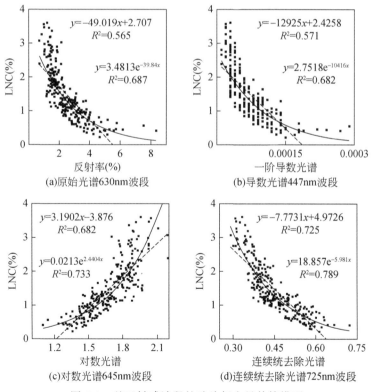

图 6-2 基于敏感波段的叶片氮含量估算模型

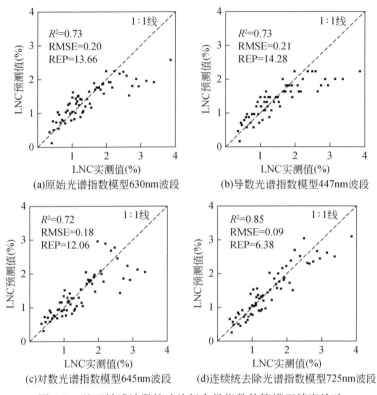

图 6-3　基于敏感波段的叶片氮含量指数估算模型精度检验

6.2　基于"三边"参数的叶片氮含量估算

6.2.1　"三边"参数与叶片氮含量的相关性分析

在 MATLAB 中计算红边、黄边和蓝边区域的幅值、面积等"三边"参数与叶片氮含量的 Pearson 相关系数，结果见表 6-1。除黄边面积外，其他"三边"参数均与叶片氮含量在 0.01 水平上极显著相关，其中红边幅值 REA，4 种算法的红边位置 REP_{FD}（一阶导数最大值）、REP_{IG}（反高斯模型内插法）、REP_{LI}（线性内插法）、REP_{ALE}（线性外推法），蓝边面积 S_{D_b}，红边面积和蓝边面积的比值 S_{D_r}/S_{D_b}，红边面积和黄边面积的归一化 $(S_{D_r}-S_{D_b})/(S_{D_r}+S_{D_b})$，红边峰度系数 Kur 和红边偏度系数 Ske 与叶片氮含量的相关系数绝对值高于 0.6。

表 6-1 "三边"参数与叶片氮含量的相关性分析

编号	"三边"参数	相关系数 r	编号	"三边"参数	相关系数 r
1	蓝边幅值 BEA	−0.485**	10	红边面积 S_{D_r}	0.466**
2	蓝边位置 BEP	0.347**	11	黄边面积 S_{D_y}	−0.055
3	黄边幅值 YEA	−0.234**	12	蓝边面积 S_{D_b}	−0.618**
4	黄边位置 YEP	0.257**	13	S_{D_r}/S_{D_b}	0.880**
5	红边幅值 REA	0.669**	14	S_{D_r}/S_{D_y}	−0.542**
6	红边位置 REP_{FD}	0.713**	15	$(S_{D_r}-S_{D_b})/(S_{D_r}+S_{D_b})$	0.803**
7	红边位置 REP_{IG}	0.785**	16	$(S_{D_r}-S_{D_y})/(S_{D_r}+S_{D_y})$	−0.528**
8	红边位置 REP_{LI}	0.810**	17	红边峰度系数 Kur	−0.688**
9	红边位置 REP_{ALE}	0.824**	18	红边偏度系数 Ske	0.755**

＊＊表示在 0.01 水平上极显著。

资料来源：李粉玲，2016。

对于黄边和蓝边参数，随着叶片氮含量的增加，黄边和蓝边位置向长波方向移动，黄边、蓝边的幅值面积均呈现下降趋势，黄边参数与叶片氮含量的相关性弱于蓝边参数。小麦冠层蓝边（490~530nm）导数光谱区域呈单峰分布 [图 6-4（a）]，小麦冠层红边导数光谱呈多峰形态分布 [图 6-4（b）]，峰值位置主要分布在 700nm、720nm 和 730mn 附近，叶片氮含量较低的时候，3 峰形态相对明显，随着叶片氮含量的增加，720nm 处的峰值区逐渐削弱或消失。对于红边参数来讲，随着叶片氮含量的增加，红边位置向长波方向移动，这与叶片叶绿素含量增加时，红边位置向长波方向移动相一致。与此同时，红边幅值增加，红边面积增加，红边峰度下降，偏度增加，红边范围的峰度系数和偏度系数都与叶片氮含量具有较高的相关性（图 6-5）。红边面积和蓝边面积的比值（S_{D_r}/S_{D_b}）、红边面积和蓝边面积的归一化 [$(S_{D_r}-S_{D_b})/(S_{D_r}+S_{D_b})$] 值随着叶片氮含量的增加而增加。

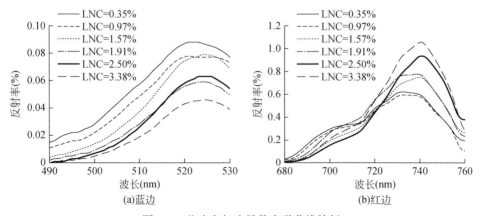

图 6-4 蓝边和红边导数光谱曲线特征

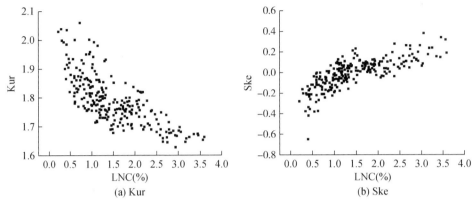

图 6-5　红边峰度和偏度系数随叶片氮含量的变化

　　红边幅值、红边面积、红边位置这 3 个红边参数中，红边位置和红边幅值与叶片氮含量的关系较为密切，4 种算法的红边位置与叶片氮含量的相关性都高于红边幅值，而红边面积与叶片氮含量显著相关，但相关性较低（$r=0.466$）。红边位置对冠层总叶绿素含量敏感，多项研究表明红边位置比其他 2 个红边参数与叶片叶绿素含量的关系更为密切（李向阳等，2007；姚付启等，2009；宫兆宁等，2014）。3 个红边参数与叶片氮含量的相关关系同样表明，红边位置对叶片氮含量估算的潜力高于其他参数。当叶片氮含量改变时，引起红边波段导数光谱曲线的形状发生改变，红边位置偏移，红边幅值波动，红边面积改变。随着叶片氮含量的增加，红边峰值形状整体向下移动，红边峰度系数下降，红边偏度系数增加，峰值向长波方向移动，因此红边形状与叶片氮含量之间存在着密切的联系。

6.2.2　红边位置与叶片氮含量的关系

　　4 种不同红边位置算法计算所得红边位置与冬小麦冠层叶片不同氮含量之间的关系表明（图 6-6），红边位置随着叶片氮含量的增加向长波方向移动，叶片氮含量与红边位置的关系适合用指数模型来表达。红边范围内一阶导数最大值所对应红边位置随叶片氮含量的变化发生跳跃，集中出现在几个离散的波段，730nm、737～739nm 是 REP$_{FD}$ 主要的分布位置。由于红边一阶微分数据的离散性，此红边位置对叶片氮含量的反演产生较大的偏差。REP$_{IG}$红边位置的范围为714～726nm，变化幅度较小，标准差为 2.3。REP$_{LI}$的红边位置分布范围为 721～736nm，标准差为 3.1。REP$_{ALE}$红边位置对叶片氮含量的响应更为敏感，红边位置的最大、最小值的范围（718～741nm）宽于其他 3 种红边位置范围，标准差为 4.1，二维散点图的离散度分布较为适中，基于线性外推法红边位置模拟叶片氮含量方程的决定系数为 0.76，RMSE 和 REP 误差最小（表 6-2），因此线性外推红边位置算法更适合叶片氮含量的预测。

表 6-2　基于"三边"参数的叶片氮含量估算模型

编号	"三边"参数	建模集 $n=252$		验证集 $n=63$	
		估算方程	R^2	RMSE（%）	REP
1	红边幅值 REA	$LNC=312.73x-0.8702$	0.45	0.29	19.68
2	红边位置 REP_{FD}	$LNC=2E-39e^{0.1212x}$	0.58	0.40	26.7
3	红边位置 REP_{IG}	$LNC=2E-63e^{0.2006x}$	0.67	0.23	15.03
4	红边位置 REP_{LI}	$LNC=4E-49e^{0.1521x}$	0.67	0.95	63.34
5	红边位置 REP_{ALE}	$LNC=6E-40e^{0.1234x}$	0.76	0.11	7.21
6	蓝边面积 S_{D_b}	$LNC=5.1331e^{-87.31x}$	0.45	0.31	20.76
7	S_{D_r}/S_{D_b}	$LNC=0.1089x-0.8359$	0.77	0.10	6.87
8	$(S_{D_r}-S_{D_b})/(S_{D_r}+S_{D_b})$	$LNC=4E-7e^{16.731x}$	0.76	0.12	8.14
9	红边峰度系数 Kur	$LNC=1144.4e^{-3.775x}$	0.57	0.21	14.25
10	红边偏度系数 Ske	$LNC=1.2937e^{3.1562x}$	0.63	0.19	12.96

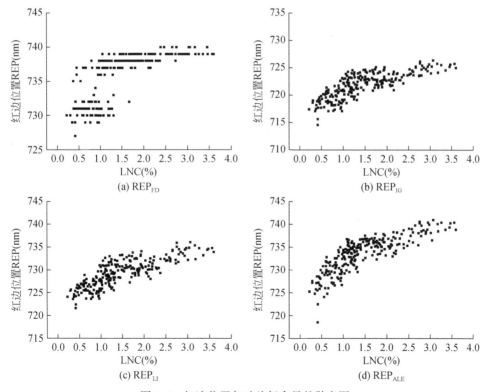

图 6-6　红边位置与叶片氮含量的散点图

6.2.3 基于"三边"参数的叶片氮含量估算

利用与叶片氮含量相关系数高于0.6的"三边"参数建立叶片氮含量的一元回归模型，除了红边幅值（REA）和红边与蓝边的面积比值（S_{D_r}/S_{D_b}）适合线性表达外，其他"三边"参数与叶片氮含量的关系更合适用指数模型来拟合（表6-2），其中基于线性外推法的红边位置（REP_{ALE}）、红边面积和蓝边面积的比值（S_{D_r}/S_{D_b}）、红边面积和蓝边面积的归一化值〔（$S_{D_r}+S_{D_b}$）／（$S_{D_r}-S_{D_b}$）〕建立的叶片氮含量估算模型精度较高，回归方程的决定系数比较接近，分别为0.76、0.77和0.76，与叶片氮含量的空间散点分布如图6-7所示，红边面积和蓝边面积的比值（S_{D_r}/S_{D_b}）构建的叶片氮含量估算模型均方根误差最小，为0.53。各回归模型的检验拟合方程的决定系数分别为0.845、0.839和0.829，RMSE分别为0.11、0.10和0.12，REP分别为7.21、6.87和8.14（图6-8）。对红边峰值形状进行描述的峰度系数（Kur）和偏度系数（Ske）与叶片氮含量的相关性略低，相对误差（REP）明显高于上述3类参数，分别为14.25和12.96。基于线性内插法的红边位置（REP_{LI}）与叶片氮含量的关系在验证集中的表现最差，REP达到63.34，RMSE为0.95，模型稳定性较差。

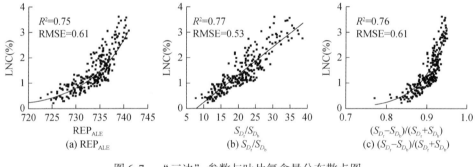

图6-7 "三边"参数与叶片氮含量分布散点图

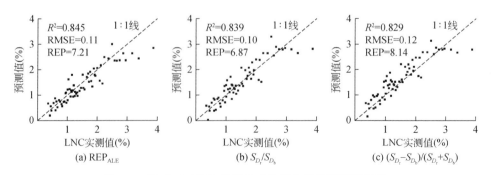

图6-8 基于"三边"参数的叶片氮含量估算模型检验

6.3 基于光谱吸收特征参数的叶片氮含量估算

6.3.1 400~770nm 连续统去除光谱对叶片氮含量的响应

如图 6-9 所示，400~550nm 波段连续统去除光谱随着叶片氮含量的增加，吸收谷的位置向长波方向移动，最大吸收深度逐渐增加，吸收谷的面积没有明显的变化规律。550~770nm 和 400~770nm 两波段连续统去除光谱均随着叶片氮含量的增加整体下移，吸收谷的面积呈显著增加趋势，吸收谷的位置和最大吸收深度的变化规律同 400~550nm 波段。

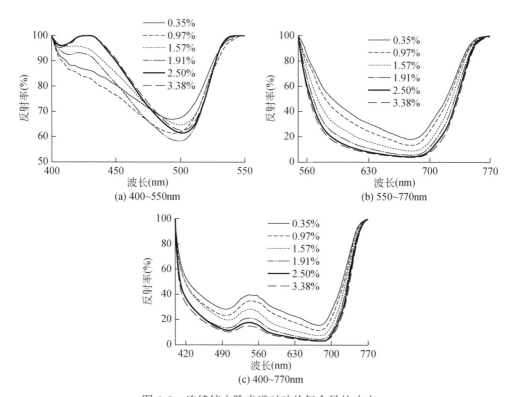

图 6-9 连续统去除光谱对叶片氮含量的响应

6.3.2 吸收特征参数与叶片氮含量的相关分析

基于 400~550nm、550~770nm 和 400~770nm 的连续统去除光谱反射率，

提取如表 6-3 所示的 7 个光谱吸收特征参数，计算其与叶片氮含量的相关性。结果表明，$400 \sim 550nm$ 波段吸收峰左面积和吸收峰总面积与叶片氮含量的相关性较低，没有通过 0.05 水平的显著性检验，面积归一化最大吸收深度与叶片氮含量显著正相关，相关系数为 0.573。$550 \sim 770nm$ 和 $400 \sim 770nm$ 的最大吸收深度、吸收峰左面积、吸收峰右面积、吸收峰总面积与叶片氮含量显著正相关，吸收波段波长、对称度和面积归一化最大吸收深度与叶片氮含量呈显著负相关。$550 \sim 770nm$ 吸收峰总面积与叶片氮含量的相关系数最高，为 0.851。

表 6-3　光谱吸收特征参数与叶片氮含量的相关分析

序号	变量	相关系数		
		$400 \sim 550nm$	$550 \sim 770nm$	$400 \sim 770nm$
1	最大吸收深度 BD_{max}	0.467 **	0.790 **	0.783 **
2	吸收波段波长 P	0.545 **	−0.317 **	−0.402 **
3	吸收峰总面积 TA	0.107	0.851 **	0.830 **
4	吸收峰左面积（LA）	0.068	0.810 **	0.803 **
5	吸收峰右面积（RA）	0.196 **	0.829 **	0.829 **
6	对称度（S）	−0.279 **	−0.360 **	−0.452 **
7	面积归一化最大吸收深度 NAD	0.573 **	−0.836 **	−0.807 **

＊通过 0.05 显著性水平检验，＊＊通过 0.01 显著性水平检验。

6.3.3　基于敏感波段的叶片氮含量估算与检验

以原始冠层光谱 640nm 波段的反射率和连续统去除光谱 725nm 波段的反射率建立叶片氮含量的回归估算模型（图 6-10），结果表明，敏感波段与叶片氮含量的关系更适合用指数模型拟合。随着敏感波段反射率的增加，叶片氮含量均呈现下降的趋势，回归方程的决定系数分别为 0.688 和 0.789。63 个样本点的检验结果表明，连续统去除光谱的估算精度优于原始光谱，检验样本实测值与预测值的拟合决定系数（R^2）分别为 0.85 和 0.73，均方根误差（RMSE）和预测相对误差（REP）值均低于原始光谱的估算模型（图 6-10）。连续统去除光谱的预测值和实测值的分布接近于 1∶1 线，原始冠层光谱对 LNC>2.6% 的模拟结果偏差较大，存在不同程度的低估。相对于原始冠层光谱，红边区域 725nm 的连续统去除光谱反射率所建立的叶片氮含量指数估算模型更适于指示全生育期冬小麦叶片氮素状况的动态变化。

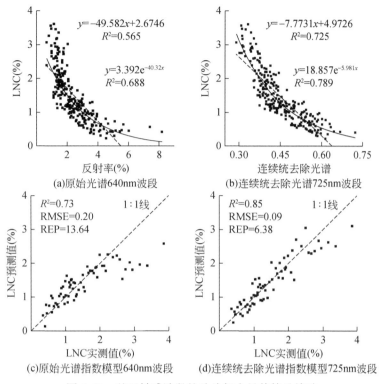

图 6-10　基于敏感波段的叶片氮含量估算及检验

6.3.4　基于吸收特征参数的叶片氮含量估算与检验

　　从表 6-3 中选择与叶片氮含量相关性最高，且达到 0.01 显著性水平的吸收特征参数进行叶片氮含量估算。连续统去除光谱 400～550nm 的面积归一化最大吸收深度（NAD），550～770nm 和 400～770nm 的吸收峰总面积（TA）所建立的叶片氮含量估算模型如图 6-11 所示。叶片氮含量随 400～550nm 面积归一化最大吸收深度的变化没有明显的规律性，线性拟合方程的决定系数仅为 0.35。550～770nm 和 400～770nm 的吸收峰总面积与叶片氮含量的关系均表现为显著的指数关系模型，估算模型的决定系数分别为 0.82 和 0.79。从模型检验的结果来看（图 6-12），基于 550～770nm 和 400～770nm 波段吸收峰总面积的估算模型明显优于 400～550nm 波段。400～550nm 面积归一化最大吸收深度估算模型的均方根误差和预测相对误差较大（RMSE＝0.34，REP＝22.77），不宜用于叶片氮含量的动态监测。550～770nm 波段吸收峰总面积的估算模型表现稳定，具有最小的均方根误差和预测相对误差，提升了叶片氮含量高值区的估算能力，是较为理想的叶片氮含量估算模型，表达式为 $LNC=0.0101e^{0.0359TA}$，$R^2=0.82$。

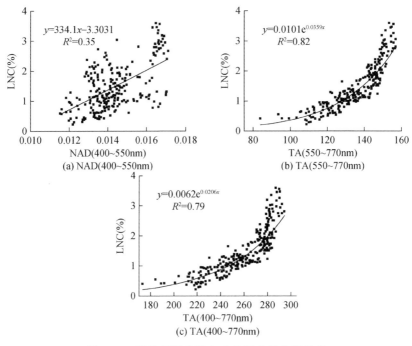

图 6-11 吸收特征参数与叶片氮含量空间分布

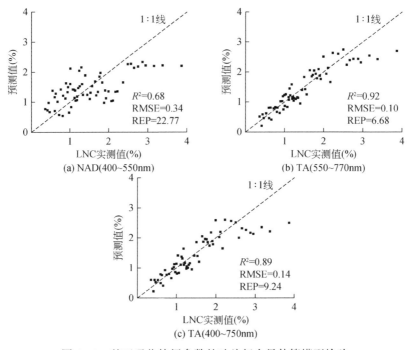

图 6-12 基于吸收特征参数的叶片氮含量估算模型检验

6.4 基于光谱指数的叶片氮含量估算

6.4.1 基于光谱指数的叶片氮含量估算

对原始冠层光谱反射进行对数变化和连续统去除变换后所提取的敏感波段提高了叶片氮含量的预测能力。不同波段之间的线性非线性组合构建的光谱指数，不仅利用了对冠层结构反应敏感的红外平台波段，同时又组合了绿、红光等波段，在部分程度上消除了叶片结构、叶片方向及辐射角度等对冠层结构的影响。分析叶片氮含量与光谱指数间的相关性发现，在常用的高光谱植被指数中（表6-4），MCARI、PPR 与叶片氮含量的相关系数没有达到 0.05 的显著性水平，其他 29 个光谱指数与叶片氮含量呈现极显著相关关系，相关性均通过了 0.01 的显著水平，由原始光谱得到的 GM 和 SR705 与叶片氮含量的相关性最强，相关系数均为 0.913。除 $NDVI_{gb}$、MCARI、MTVI2、CVI1、PPR、TVI 、TGI 和 TCARI 外的 23 个光谱指数与叶片氮含量的相关系数绝对值高于 0.6。所列光谱指数与叶片氮含量的关系主要表现为指数模型、线性模型和二次多项式模型。

相对于单一的敏感波段，基于原始光谱反射率构建的光谱指数也明显改善了叶片氮含量的估算精度，其中表现较为突出的光谱指数有 mSR705、SR705、GM、VOG3、$CI_{red\ edge}$、ND705。6 个光谱指数中，除了 ND705 与叶片氮含量表现为指数关系外，其余光谱指数均与叶片氮含量为显著线性相关，叶片氮含量随着 VOG3 指数的增加而减小，其他指数均与叶片氮含量呈正比关系，随着指数数值的增大，叶片氮含量增加（图6-13）。6 个光谱指数的模型检验表明（图6-14），所有模型的预测值与实测值拟合方程的决定系数都在 0.84 以上，均方根误差在 0.1 及以下，模型表现优秀。

表 6-4 基于光谱指数的叶片氮含量预测模型

序号	光谱指数	相关系数	方程拟合	R^2	F 值
1	RVI	0.883**	$LNC = 0.0595x + 0.0814$	0.78	885
2	NDVI	0.796**	$LNC = 0.0004e^{9.0599x}$	0.76	781
3	VOG1	0.901**	$LNC = 2.2266x - 3.4793$	0.81	1077
4	VOG3	-0.908**	$LNC = -4.2633x - 0.5198$	0.82	1171
5	MTCI	0.885**	$LNC = 0.5454x - 1.0901$	0.78	906

序号	光谱指数	相关系数	方程拟合	R^2	F 值
6	GM	0.913^{**}	$LNC = 0.2655x - 0.6258$	0.83	1250
7	SR705	0.913^{**}	$LNC = 0.4161x - 0.9472$	0.83	1260
8	mSR705	0.911^{**}	$LNC = 0.2702x - 0.6773$	0.83	1222
9	ND705	0.850^{**}	$LNC = 0.0168e^{6.2979x}$	0.82	1159
10	mND705	0.834^{**}	$LNC = 0.0069e^{6.8836x}$	0.80	1031
11	$CI_{red\ edge}$	0.906^{**}	$LNC = 1.3392x - 0.9289$	0.82	1151
12	$NDVI_{gb}$	-0.586^{**}	$LNC = -8.6667x + 4.5187$	0.34	131
13	VI_{opt}	0.643^{**}	$LNC = 9E-05x^{7.5677}$	0.46	216
14	NDRE	0.864^{**}	$LNC = 0.0457e^{6.2803x}$	0.80	1014
15	MCARI	-0.104	$LNC = -5.3625x + 1.7439$	0.01	$2.7\ (P=0.09)$
16	MTVI2	0.596^{**}	$LNC = 5.293x - 1.0551$	0.36	138
17	CVI1	-0.555^{**}	$LNC = -15.139x + 3.1306$	0.31	111
18	PPR	-0.071	$LNC = -1.3212x + 1.9963$	0.0051	$1.3\ (P=0.26)$
19	PRI	-0.819^{**}	$LNC = 222.23x^2 - 32.576x + 1.761$	0.76	390
20	$NDVI_Z$	0.814^{**}	$LNC = 0.0039e^{7.148x}$	0.79	933
21	GNDVI	0.845^{**}	$LNC = 0.002e^{8.4406x}$	0.81	1037
22	NPCI	0.804^{**}	$LNC = 1.9583e^{4.1342x}$	0.70	568
23	NRI	0.702^{**}	$LNC = 6.2342x - 0.5199$	0.50	242
24	SIPI	0.787^{**}	$LNC = 1E-06e^{15.275x}$	0.71	602
25	TVI	0.368^{**}	$LNC = 0.092x - 0.1933$	0.14	39
26	VARI	0.774^{**}	$LNC = 0.293e^{3.1292x}$	0.63	424
27	TGI	-0.544^{**}	$LNC = -0.8033x + 3.1411$	0.30	105
28	TCARI	-0.506^{**}	$LNC = 4.4088e^{-18.58x}$	0.29	100
29	OSAVI	0.693^{**}	$LNC = 0.0099e^{6.6055x}$	0.55	306
30	CVI2	-0.678^{**}	$LNC = 5.775e^{-16.45x}$	0.54	296
31	DCNI	0.791^{**}	$LNC = 0.039x - 0.8904$	0.63	417

*表示在0.05水平上显著，**表示在0.01水平上极显著，$F_{0.05}(1,250) = 3.879$。

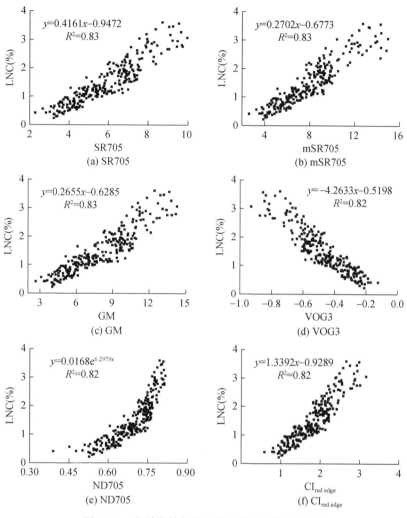

图 6-13 光谱指数与叶片氮含量空间散点分布

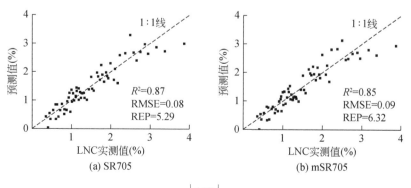

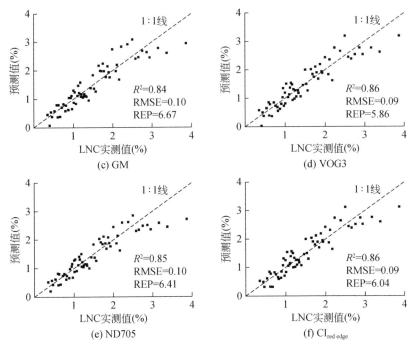

图 6-14　基于光谱指数的叶片氮含量实测值与预测值空间分布

6.4.2　基于任意两波段组合光谱指数的叶片氮含量估算

在总结分析了氮含量与常用高光谱植被指数相关关系的基础上，为了更准确地筛选出与叶片氮含量相关性较高的植被指数表达形式，本书将 400 ~ 1350nm 波段的原始光谱反射率、一阶导数光谱反射率、对数光谱反射率和连续统去除光谱反射率进行任意两波段组合，构建所有可能组合的比值指数（RVI）、差值指数（DVI）、归一化指数（NDVI）和土壤调节植被指数（OSAVI），并分析叶片氮含量与这些指数之间的线性关系，将对应的决定系数 R^2 值构建成分布矩阵，如图 6-15 ~ 图 6-18 所示。

6.4.2.1　基于变换光谱的最佳叶片氮含量估算光谱指数确定

图 6-15 基于原始光谱的任意两波段组合而成的指数中，除比值指数外，其他指数与叶片氮含量模拟方程的决定系数的空间分布具有对称性。差值指数、土壤调节植被指数与叶片氮含量的相关性总体低于比值指数和归一化指数。620 ~ 1340nm 与 520 ~ 730nm 组合而成的比值指数与氮含量相关性较好，方程的决定系数在 0.7 以上，其中 750 ~ 930nm 与 560 ~ 650nm，960 ~ 1120nm 与 560 ~ 650nm，

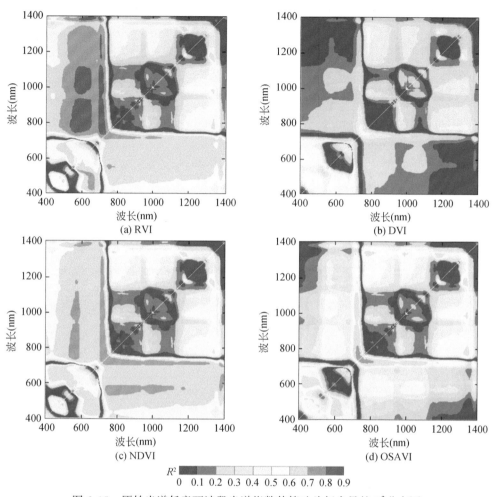

图 6-15　原始光谱任意两波段光谱指数估算叶片氮含量的 R^2 分布图

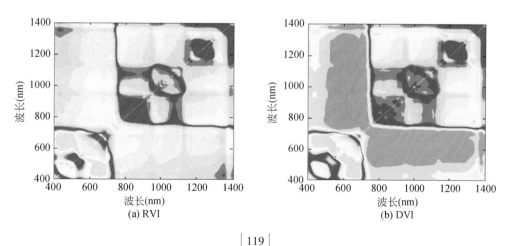

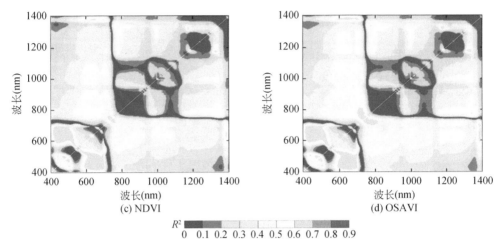

(c) NDVI　　　　　　　　　　　　　(d) OSAVI

R^2 0　0.1 0.2 0.3 0.4 0.5 0.6 0.7 0.8 0.9

图 6-16　对数光谱任意两波段光谱指数估算叶片氮含量的 R^2 分布图

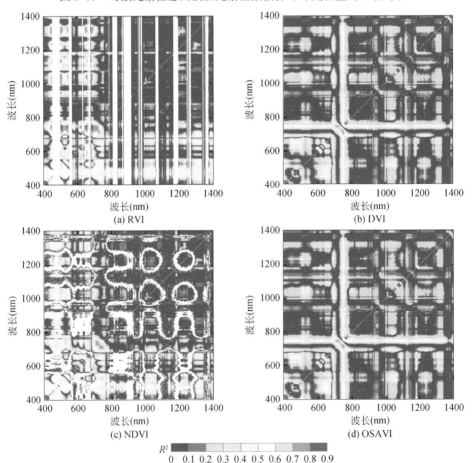

(a) RVI　　　　　　　　　　　　　(b) DVI

(c) NDVI　　　　　　　　　　　　　(d) OSAVI

R^2 0　0.1 0.2 0.3 0.4 0.5 0.6 0.7 0.8 0.9

图 6-17　一阶导数光谱任意两波段光谱指数估算叶片氮含量的 R^2 分布图

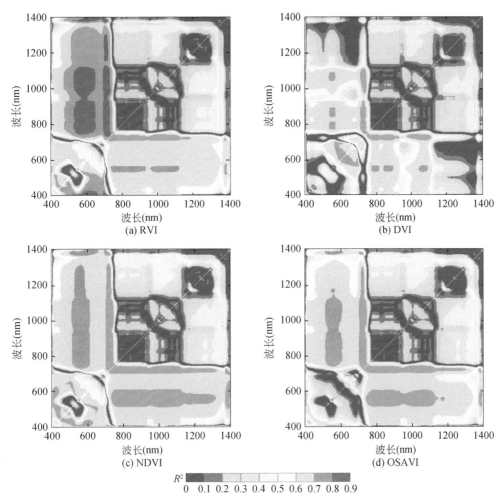

图 6-18　连续统去除光谱任意两波段光谱指数估算叶片氮含量的 R^2 分布图

740～1120 与 700～730nm，1160～1230 与 690～710nm 区域的波段组合决定系数在 0.8 以上。归一化指数与叶片氮含量相关较好的波段组合主要位于 730～790nm 与 530～580nm，730～1120nm 与 560～580nm，720～1320nm 与 700～740nm 3 个区域。710nm 以内的波段组合与叶片氮含量相关较好，但决定系数低于 0.6。土壤调节植被指数与叶片氮含量相关性较好的波段组合较为破碎，740～820nm 与 720～740nm 的区域相关性最佳，决定系数在 0.7 以上，其次为 580～640nm 与 410～510nm，810～1100 与 710～740nm 的波段组合。770nm 处反射率与 702nm 处反射率的比值指数是原始光谱反射率估算叶片氮含量的最佳光谱指数，记为 R_{770}/R_{702}。

基于对数光谱的任意两波段构建的 4 类光谱指数与小麦叶片氮含量的相关关系如图 6-16 所示，差值指数与叶片氮含量的相关关系得到明显改善，而比值指数、归一化指数和土壤调节植被指数与叶片氮含量的敏感波段数目减少，4 类指数都在 $610 \sim 700$nm 与 $420 \sim 520$nm 的波段与叶片氮含量相关性较好，叶片氮含量估算的最佳波段组合为 750nm 对数光谱反射率与 717nm 波段反射率的差值，记为 $LOG_{750} - LOG_{717}$。

一阶导数光谱指数与叶片氮含量的相关性不如原始光谱指数和对数光谱（图 6-17），差值光谱指数、土壤调节植被指数与氮含量的关系非常接近，相关系数的差别在小数位数第 3 位，线性回归判定系数的最大值分别为 0.722 和 0.720。相对于其他 3 类指数，比值指数在近红外与 $490 \sim 540$nm 蓝光波段、近红外波段和 $640 \sim 710$nm 红波段区域存在多处不连续的光谱组合区域，与叶片氮含量具有较好的相关性，总体上微分处理并没有提高小麦叶片氮含量的预测精度，最佳波段组合为 744nm 与 504nm 波段的导数光谱的比值指数，记为 FD_{744} / FD_{504}。

连续统去除光谱的任意两波段组合而成的比值指数、差值指数、归一化指数和土壤调节植被指数与小麦叶片氮含量的相关关系（图 6-18）表明，基于连续统去除光谱的 4 类指数与叶片氮含量的相关性总体上优于其他 3 类变换光谱。近红外—红边波段、近红外—绿光波段、近红外—红光波段的波段组合构建以上 4 类光谱指数均与叶片氮含量显著相关，以比值指数的表现最为突出，$740 \sim 1125$nm 与 $700 \sim 720$nm、$1160 \sim 1300$nm 与 $700 \sim 720$nm 及 $750 \sim 1120$nm 与 $500 \sim 640$nm 的比值指数与叶片氮含量的相关系数在 0.8 以上，最优比值指数为 1056nm 与 702nm 的比值，记为 CR_{1056} / CR_{702}。

6.4.2.2 基于最佳光谱指数的叶片氮含量估算

基于 R_{770} / R_{702}、FD_{744} / FD_{504}、$LOG_{750} - LOG_{717}$ 和 CR_{1056} / CR_{702} 指数进行叶片氮含量的估算，$LOG_{750} - LOG_{717}$ 与叶片氮含量的拟合关系为指数回归模型，随着 750nm 与 717nm 对数光谱差值的增大，叶片氮含量下降，其他 3 类光谱指数与叶片氮含量呈正比关系，拟合方程的决定系数在 $0.82 \sim 0.84$，比已有的光谱指数所建模型的精度略有提高（图 6-19）。基于敏感指数、"三边"参数、吸收特征参数、现有光谱指数的叶片氮含量模型在叶片氮含量的高值预测过程中，误差普遍较大。基于最佳指数的叶片氮含量估算模型检验精度明显高于已有光谱指数（图 6-20），对叶片氮含量高值区的模拟效果最佳，因此整体上提升了验证样点的模拟精度，其中，基于 744nm 与 504nm 波段导数光谱反射率的比值指数模型检验精度最高，决定系数达到 0.89，RMSE 为 0.06。

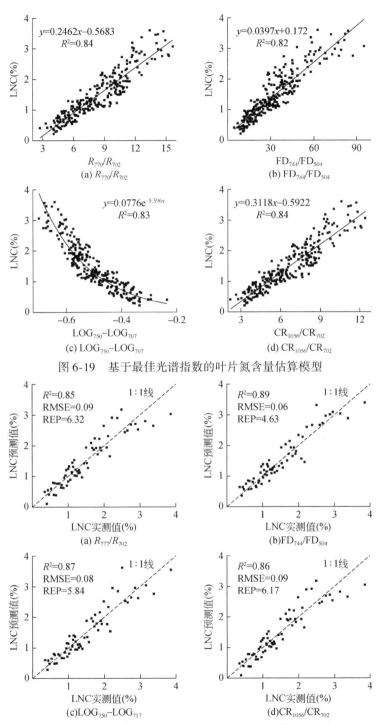

图 6-19　基于最佳光谱指数的叶片氮含量估算模型

图 6-20　基于最佳光谱指数的叶片氮含量估算模型精度检验

6.5 基于离散小波多尺度分解的叶片氮含量估算

6.5.1 离散小波分析方法及实现

连续小波变化是在连续尺度上的小波分析，每一个尺度都会产生一个 $1 \times n$ 的小波变换系数向量（n 为光谱信号的长度），在 m 个尺度上进行小波变换就生成了 $m \times n$ 的连续小波变换系数矩阵，为了简化数据量，本书中连续小波变换在 2^k（$1 \leqslant k \leqslant 9$）尺度上进行，将这些小波尺度分别记为尺度1，尺度2，…，尺度9（S1，S2，…，S9，$2^9 = 512$）。在 MATLAB 中，连续小波变换可以通过如下函数完成。

$$COEFS = cwt\ (S,\ SCALES,\ ´wname´) \tag{6-1}$$

式中，COEFS 为连续小波变换系数；cwt 为一维连续小波变换函数；S 为光谱信号；SCALES 为小波变换尺度；wname 为小波母函数。

在 MATLAB 下，应用 bior6.8、ciof5、db10、rbio6.8、sym8 小波母函数对冬小麦冠层光谱信号进行离散小波多尺度分解，提取不同尺度下的高光谱信号的近似信号系数和细节信号系数，根据这些小波系数，结合各尺度上小波信号能量的分布，分析其与小麦叶片氮含量之间的相关关系。利用的主要 MATLAB 小波分解函数如下。

$$[C,\ L] = wavedec\ (X,\ N,\ ´wname´) \tag{6-2}$$

式（6-2）利用 wavedec 分解函数进行样本光谱信号（X）的多尺度一维小波分解，N 为分解的层数，wname 为所用小波母函数。C 为输出向量，包括第 N 层的低频信号分量和各层的细节信号分量。向量 L 给出每个分量的长度，上述函数可将光谱信号分解为 $N+1$ 个分信号（图6-21），如 N 取3，C 中的记录分别位于第3层的近似系数 CA3 和3层的小波细节系数 CD3、CD2、CD1，L 记录 CA3、CD3、CD2、CD1 的长度。

利用式（1-14）可计算第 N 层小波近似信号和1，2，…，N 层细节信号的能量，反映原始信号能量在不同时间尺度上的分布特征。

$$A = appcoef\ (C,\ L,\ ´wname´,\ N) \tag{6-3}$$

式（6-3）利用一维小波分解的结构参数 $[C,\ L]$ 来提取小波分解的近似系

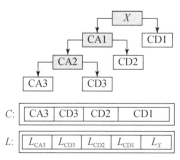

图6-21　wavedec 分解函数的小波分解图示

数，A 为 wname 小波母函数下第 N 层分解的近似系数。

$$D = \text{detcoef}(C, L, N) \tag{6-4}$$

式（6-4）利用一维小波分解的结构参数 $[C, L]$ 来计算一维小波分解的细节系数，D 为一维多尺度分解下第 N 层分解的细节系数。

$$X' = \text{wrcoef}('type', C, L, 'wname', N) \tag{6-5}$$

式中，wrcoef 为一维小波重构函数，根据一维小波分解系数进行单支信号重构，得到原信号在该系数对应的尺度下的重构信号分量，其长度与原信号一致；'type' 为 'a' 或 'd'，分别代表用小波近似系数或者细节系数进行信号重构；'wname' 为小波函数名称，是用来确定重构小波母函数。

6.5.2　小波母函数和分解尺度的确定

最佳分解尺度是小波变换进行特征提取的关键环节之一。对冠层高光谱信号进行多尺度的离散小波变换，如果分解后的小波信息既能体现冠层光谱的轮廓特征又能达到压缩数据目的，就可以认为此时的分解尺度是最佳尺度。对冬小麦冠层光谱的原始光谱、导数光谱、对数光谱和连续统去除光谱的每一条光谱信号，分别应用 bior6.8、ciof5、db10、rbio6.8、sym8 小波母函数在 2^j（$j = 1, 2, \cdots, 12$）尺度上进行离散小波变换，记为尺度 1～12（Level 1～12）。对光谱进行 12 级的离散小波多尺度分解后，提取每层分级得到的特征数目，得到分解个数比例随分解层数的变化如图 6-22 和表 6-5。小波近似信号表征了光谱的轮廓特征，对所有小波母函数下的各层近似系数进行信号重构，并计算各个重构光谱信号与小麦原始冠层光谱信号的相关系数，结果如图 6-23 所示。

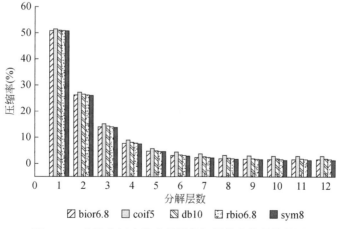

图 6-22　小波分解个数比例随分解层数变化的柱状图

表 6-5　不同小波母函数下的分解个数

母函数	项目	分解层数											
		1	2	3	4	5	6	7	8	9	10	11	12
bior6.8	系数数目	484	250	133	75	46	31	24	20	18	17	17	17
	比例（%）	50.89	26.29	13.99	7.89	4.84	3.26	2.52	2.10	1.89	1.79	1.79	1.79
coif5	系数数目	490	259	144	86	57	43	36	32	30	29	29	29
	比例（%）	51.52	27.23	15.14	9.04	5.99	4.52	3.79	3.36	3.15	3.05	3.05	3.05
db10	系数数目	485	252	135	77	48	33	26	22	20	19	19	19
	比例（%）	51.00	26.50	14.20	8.10	5.05	3.47	2.73	2.31	2.10	2.00	2.00	2.00
rbio6.8	系数数目	484	250	133	75	46	31	24	20	18	17	17	17
	比例（%）	50.89	26.29	13.99	7.89	4.84	3.26	2.52	2.10	1.89	1.79	1.79	1.79
sym8	系数数目	483	249	132	73	44	29	22	18	16	15	15	15
	比例（%）	50.79	26.18	13.88	7.68	4.63	3.05	2.31	1.89	1.68	1.58	1.58	1.58

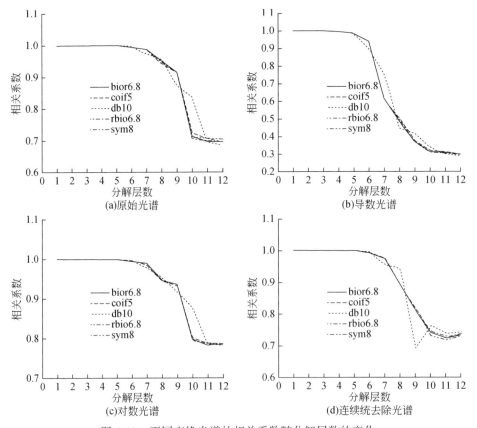

图 6-23　不同变换光谱的相关系数随分解层数的变化

不同变换光谱在 bior6.8、ciof5、db10、rbio6.8、sym8 5 类小波母函数下的分解数目相同，分解个数比例随小波分解层数的变化规律一致，随着小波分解层数的递增，近似信号的小波系数数目越来越少，光谱变量的压缩率逐渐减弱，这是因为在多尺度的小波分解过程中不断剔除高频噪声，所保留的近似轮廓信息越来越清晰。在分解层数达到一定数目时（10 层），系数个数最终趋于稳定。其中，coif5 小波的数据压缩能力相对弱于其他 4 类小波母函数，基于 sym8 小波母函数的冠层光谱多尺度分解后，近似系数的数目递减较快，数据压缩能力较强。

小波近似系数的重构信号与原始信号的相关性同样表明（图 6-23），随着小波分解层数的增多，重构信号与原始信号的相关性在 5 层分解后开始下降，小波近似系数对小麦冠层光谱信息的解释能力逐步降低，最终在 10 层分解后趋于平稳。导数光谱具有较高的分解效率，在第 6 层分解后相关系数就迅速将至 0.6 以下，10 层分解后，冠层光谱重构信号和原始信号之间的相关系数低于 0.3，其他 3 类变换光谱在 10 层分解后，相关系数仍在 0.7 以上，仍能代表冬小麦冠层的高光谱信息。db10 小波母函数在 5 ~ 10 层的分解中，相关系数变化规律与其他 4 类小波母函数整体上一致，但是又有所差异，在连续统去除光谱中相关系数的波动较大。综合考虑数据压缩和保留原高光谱信息量的能力，认为 sym8 小波母函数的效果最佳。选取 sym8 小波母函数前 10 层的小波近似系数作为输入变量，用以构建小麦叶片氮含量估算模型。sym8 小波母函数的一维小波多尺度分解结果见表 6-6。

表 6-6 基于 sym8 小波母函数的变换光谱与小波近似系数重构光谱的相关性分析

光谱形式	项目	分解层数											
		1	2	3	4	5	6	7	8	9	10	11	12
原始光谱	系数数目	483	249	132	73	44	29	22	18	16	15	15	15
	比例（%）	50.79	26.18	13.88	7.68	4.63	3.05	2.31	1.89	1.68	1.58	1.58	1.58
	相关系数	1.00	1.00	1.00	1.00	1.00	1.00	0.99	0.94	0.92	0.71	0.71	0.70
导数光谱	系数数目	483	249	132	73	44	29	22	18	16	15	15	15
	比例（%）	50.79	26.18	13.88	7.68	4.63	3.05	2.31	1.89	1.68	1.58	1.58	1.58
	相关系数	1.00	1.00	1.00	1.00	0.98	0.94	0.61	0.49	0.37	0.32	0.31	0.30
对数光谱	系数数目	483	249	132	73	44	29	22	18	16	15	15	15
	比例（%）	50.79	26.18	13.88	7.68	4.63	3.05	2.31	1.89	1.68	1.58	1.58	1.58
	相关系数	1.00	1.00	1.00	1.00	1.00	1.00	0.99	0.95	0.94	0.79	0.79	0.79
连续统去除光谱	系数数目	483	249	132	73	44	29	22	18	16	15	15	15
	比例（%）	50.79	26.18	13.88	7.68	4.63	3.05	2.31	1.89	1.68	1.58	1.58	1.58
	相关系数	1.00	1.00	1.00	1.00	1.00	0.99	0.97	0.89	0.81	0.74	0.73	0.73

6.5.3 基于 PLSR 的叶片氮含量高光谱估算

6.5.3.1 基于小波近似系数的叶片氮含量高光谱估算

基于叶片氮含量的 252 个建模样本数据,采用 sym8 小波母函数,对小麦冠层原始光谱、导数光谱、对数光谱和连续统去除光谱反射率进行多尺度小波分解,提取前 10 层分解的小波近似系数,采用 PLSR,分别构建叶片氮含量的估测模型。此外,利用 63 个验证样本进行不同尺度小波分解系数所构建模型的检验,结果见表 6-7。

表 6-7 基于小波近似系数的叶片氮含量高光谱估算

光谱形式	分解层数	变量数目	主成分数目	训练集 $n=252$			验证集 $n=63$		
				R^2	R^2_{cross}	F	R^2	RMSE	REP
原始光谱	1	483	13	0.90	0.84	168.14	0.86	0.09	5.75
	2	249	16	0.93	0.85	181.19	0.86	0.09	5.80
	3	132	19	0.93	0.87	155.72	0.84	0.10	6.75
	4	73	18	0.91	0.86	139.2	0.87	0.08	5.45
	5	44	25	0.90	0.85	80.33	0.88	0.08	5.10
	6	29	19	0.86	0.82	74.25	0.85	0.10	6.59
	7	22	18	0.82	0.78	59.91	0.82	0.11	7.66
	8	18	9	0.78	0.76	97.01	0.83	0.11	7.43
	9	16	7	0.75	0.72	102.54	0.77	0.14	9.46
	10	15	7	0.73	0.71	95.9	0.78	0.14	9.28
导数光谱	1	483	10	0.92	0.86	273.02	0.88	0.07	4.89
	2	249	12	0.92	0.86	239.93	0.89	0.07	4.44
	3	132	13	0.91	0.87	188.98	0.92	0.05	3.60
	4	73	14	0.91	0.87	164.02	0.87	0.09	5.69
	5	44	23	0.90	0.86	89.03	0.88	0.07	4.95
	6	29	19	0.86	0.83	75.09	0.85	0.10	6.45
	7	22	19	0.86	0.83	74.95	0.85	0.09	6.31
	8	18	18	0.85	0.83	76.07	0.81	0.12	7.96
	9	16	12	0.83	0.81	98.35	0.81	0.12	7.96
	10	15	13	0.84	0.81	93.51	0.83	0.10	7.01

光谱形式	分解层数	变量数目	主成分数目	训练集 n=252			验证集 n=63		
				R^2	R^2_{cross}	F	R^2	RMSE	REP
对数光谱	1	483	22	0.95	0.89	200.41	0.91	0.06	3.73
	2	249	21	0.93	0.89	155.91	0.92	0.05	3.45
	3	132	22	0.93	0.89	146.5	0.93	0.04	2.76
	4	73	26	0.94	0.90	127.24	0.93	0.04	2.72
	5	44	18	0.90	0.87	118.53	0.91	0.05	3.64
	6	29	22	0.89	0.86	87.56	0.88	0.07	4.82
	7	22	16	0.86	0.83	91.54	0.87	0.09	6.05
	8	18	12	0.84	0.81	103.68	0.86	0.09	5.89
	9	16	6	0.82	0.81	183.51	0.85	0.09	6.16
	10	15	9	0.83	0.8	127.42	0.86	0.09	5.75
连续统去除光谱	1	483	8	0.87	0.82	201.96	0.83	0.11	7.28
	2	249	12	0.90	0.85	172.38	0.84	0.11	7.33
	3	132	26	0.92	0.87	105.84	0.86	0.12	7.47
	4	73	17	0.90	0.84	123.59	0.88	0.11	7.38
	5	44	29	0.90	0.86	67.55	0.88	0.08	5.05
	6	29	20	0.86	0.86	71.12	0.88	0.07	4.98
	7	22	20	0.86	0.83	70.25	0.88	0.07	4.84
	8	18	12	0.81	0.79	87.5	0.84	0.10	6.52
	9	16	10	0.81	0.79	105.14	0.85	0.10	6.44
	10	15	13	0.81	0.79	81.61	0.85	0.09	6.07

所有光谱在不同尺度下的小波近似系数所构建的叶片氮含量估算模型均通过了 0.01 水平的显著性检验。随着小波分解层数的增加，PLSR 拟合所提取的主成分数目基本呈现先增加后减少的趋势，5 层分解的拟合方程收敛速度较慢，所对应的主成分数目较多。除连续统去除光谱第 1 层小波近似系数所构建模型的决定系数低于 0.9 外，其他冠层光谱的 1~5 层小波分解近似系数估算叶片氮含量模型决定系数均在 0.9 以上，表明其预测模型精度较好。整体上，随着小波分解层数的增加，原始光谱、导数光谱、对数光谱和连续统去除光谱的小波近似系数与叶片氮含量之间的相关性逐渐递减。留一法内部交叉验证的结果表明，除原始光谱第 1 层分解、连续统去除光谱第 1 层和第 4 层分解外，其他光谱前 5 层小波分解近似系数所构建模型的决定系数都在 0.85 以上。

从图 6-24 预测模型决定系数与小波分解层数的关系可以明显发现，对数光谱相对于其他光谱反射率，在训练集预测模型决定系数、内部交叉验证决定系数和验证集预测决定系数的数值均为最高，是叶片氮含量小波系数预测的最佳光谱形式。连续统去除光谱在第 1 ~ 第 5 层的分解中表现最差，原始光谱在第 6 ~ 第 10 层的分解中表现相对较差。所有模型的外部 63 个验证数据的均方根误差 RMSE 均在 0.2 以下，说明所有模型对叶片氮含量的预测效果都表现良好，其中对数光谱的预测能力最强，第 1 ~ 第 10 层小波近似系数估算叶片氮含量的 RMSE 误差均低于 0.1，REP 在所有光谱中最低。图 6-25 基于对数光谱的叶片氮含量实测值与预测值的空间散点分布表明，第 3、第 4 和第 5 层小波近似系数对高值叶片氮含量的预测结果得到明显改善，检验散点分布接近 1:1 线，验证集决定系数分别为 0.93、0.93 和 0.91，其中第 4 层小波分解近似系数构建的预测模型效果最佳，RMSE 为 0.04，REP 为 2.72，变量个数为 73 个。

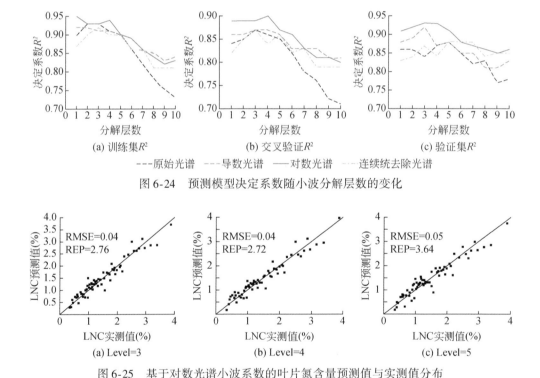

图 6-24　预测模型决定系数随小波分解层数的变化

图 6-25　基于对数光谱小波系数的叶片氮含量预测值与实测值分布

6.5.3.2　基于小波系数能量值的叶片氮含量高光谱估算

离散小波变换系数是分解尺度的函数，随着分解尺度的增加，光谱数据的总体压缩能力增强，小波变换系数的个数减少。基于 sym8 小波母函数，利用式（2-17）计算不同变换光谱在 10 层分解下的近似系数和细节系数的能量值（分别记为 Ea10，Ed1，Ed2，…，Ed10）。小波系数能量值实现了对光谱信号的进一步压缩，将系数能量值作为变量进行叶片氮含量的预测，此时变量的数目始终保持在 $p+1$ 个（p 为分解层数）。经计算，除第 10 层分解中提取的近似系数能量值（Ea10）与叶片氮含量的相关性在 0.05 水平下显著相关外，其他细节系数能量值均与叶片氮含量在 0.01 水平下极显著相关，但相关系数并不高，Ed7 与叶片氮含量的相关系数最高，为 0.611。基于单个变量的叶片氮含量估算模型精度有限，同时多尺度分解后的近似系数和细节系数的能量值之间仍然存在明显的共线性，因此，利用 PLSR 进行基于小波系数能量值的叶片氮含量估算，结果见表 6-8 和图 6-26。

表 6-8　基于小波系数能量值和 PLSR 的叶片氮含量高光谱估算

光谱形式	变量数目	主成分数目	训练集 $n=252$			验证集 $n=63$		
			R^2	R^2_{cross}	F	R^2	RMSE	REP
原始光谱	11	9	0.80	0.77	104.25	0.88	0.08	5.06
导数光谱	11	7	0.81	0.79	144.43	0.85	0.10	6.70
对数光谱	11	11	0.85	0.84	126.6	0.89	0.07	4.70
连续统去除光谱	11	10	0.84	0.83	129.56	0.84	0.10	6.83

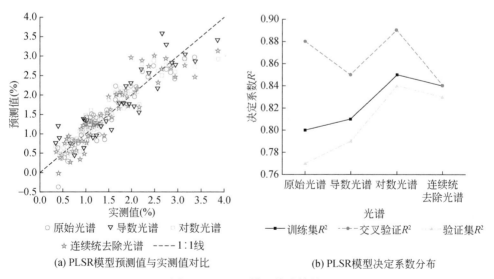

(a) PLSR模型预测值与实测值对比　　　(b) PLSR模型决定系数分布

图 6-26　PLSR 模型检验结果

结果同样表明，对数变换光谱的估算精度最高，模拟方程决定系数为 0.85，内部交叉验证决定系数为 0.84，63 个检验样本的决定系数为 0.89，均为 4 类变换光谱中的最高值。252 个训练样本对数光谱的叶片氮含量估算模型为

$$LNC = -1.87 - 0.01Ea10 - 1717.93Eb1 - 751.91Eb2 + 190.6Eb3 + 5.86Eb4 - 17.79Rb5$$
$$-4.39Eb6 - 2.63Eb7 + 5.16Eb8 + 1.35Eb9 - 0.18Eb10, \quad R^2 = 0.85 \qquad (6\text{-}6)$$

各变量的标准化系数分别为 -0.036，-0.050，-0.118，0.316，0.029，-0.296，-0.254，-0.285，1.430，0.184 和 -0.125，标准化系数反映了自变量对叶片氮含量的正向或者负向影响，以及影响的程度，其中 Eb8 对模型的贡献最为突出。与基于对数光谱小波近似系数的叶片氮含量估算模型相比较，基于小波系数能量值的偏最小二乘模型预测精度不太理想，模拟方程的决定系数低于对数光谱第 1 ~ 第 5 层分解的小波近似系数估算模型。分析原因认为，本书中的冠层光谱信号本身经过了去噪处理，小波变换后的主要能量集中在低频系数，高频细节信号基本上都接近于 0，表达信号大体轮廓的低频信息和叶片氮含量的关系比表达细节信息的敏感高频信号更为密切。同时，小波系数能量对冠层高光谱数据维数的压缩性远高于第 1 ~ 第 5 层分解的小波近似系数，变量个数为 11 个，相当于小波 10 层分解的系数个数，强烈的数据压缩使信号的敏感信息丢失，降低了模型的预测性能。

6.5.4　基于 RF 的叶片氮含量高光谱估算

在 R 软件中基于 RandomForest 软件包进行随机森林回归模拟，根据随机森林的预测误差及其 95% 的置信区间确定分类树的数量，通过反复测试确定分割变量的数目。对原始光谱、导数光谱、对数光谱和连续统去除光谱的第 1 ~ 第 10 层离散小波分解的近似系数，以及小波系数能量值分别进行 RF 分析，结果见表 6-9。袋外数据方差解释率没有列出，其值分布略低于验证集决定系数。所有变换光谱的第 1 ~ 第 5 层分解的拟合决定系数相差不大，均在 0.97 以上，其中对数变换和连续统去除变换光谱的验证集决定系数 R^2 较为接近，略高于原始光谱和导数光谱，但对数变换的均方根误差 RMSE 和 REP 误差较低，在 4 类变换光谱中表现最优，导数光谱在叶片氮含量的 RF 预测中的表现略优于原始光谱。在表现最佳的对数光谱中，第 4 层分解的小波近似系数与叶片氮含量的 RF 模型的方程拟合精度高，决定系数达到 0.98，模型检验的决定系数为 0.91，RMSE 和 REP 均较小，分别为 0.06 和 3.87，拟合效果可以和 PLSR 相媲美。小波系数能量值的 RF 结果表明，相对于 PLSR，所有变换光谱的小波系数能量值的预测模型精度有所提高，但是验证集的表现略低于 PLSR，对数光谱在基于小波系数能量值的

叶片氮含量预测中的精度依然最高。

表 6-9　基于小波多尺度分解和 RF 的叶片氮含量高光谱估算

光谱形式	分解层数	变量数目	训练集 $n=252$			验证集 $n=63$		
			R^2	RMSE	REP	R^2	RMSE	REP
原始光谱	1	483	0.97	0.08	5.44	0.86	0.09	5.78
	2	249	0.97	0.08	5.52	0.86	0.09	5.9
	3	132	0.97	0.08	5.52	0.87	0.08	5.6
	4	73	0.97	0.08	5.32	0.86	0.09	5.7
	5	44	0.97	0.08	5.13	0.87	0.08	5.34
	6	29	0.96	0.1	6.92	0.86	0.08	5.64
	7	22	0.97	0.07	4.96	0.88	0.08	5.35
	8	18	0.94	0.14	9.56	0.83	0.11	7.14
	9	16	0.95	0.13	8.77	0.85	0.1	6.39
	10	15	0.95	0.14	9.35	0.83	0.1	6.91
	E	11	0.91	0.22	14.77	0.82	0.12	8.16
导数光谱	1	483	0.97	0.08	5.18	0.87	0.08	5.58
	2	249	0.97	0.08	5.18	0.87	0.08	5.54
	3	132	0.97	0.08	5.54	0.87	0.08	5.52
	4	73	0.97	0.08	5.67	0.86	0.09	5.7
	5	44	0.97	0.09	5.84	0.87	0.08	5.41
	6	29	0.96	0.1	6.77	0.86	0.09	6.06
	7	22	0.96	0.11	7.32	0.71	0.19	12.39
	8	18	0.94	0.14	9.73	0.69	0.2	13.34
	9	16	0.93	0.17	11.36	0.64	0.24	15.76
	10	15	0.91	0.23	15.84	0.51	0.31	20.66
	E	11	0.94	0.15	9.96	0.77	0.14	9.62
对数光谱	1	483	0.98	0.05	3.12	0.89	0.07	4.6
	2	249	0.98	0.05	3.3	0.89	0.07	4.8
	3	132	0.98	0.05	3.31	0.89	0.07	4.43
	4	73	0.98	0.05	3.45	0.91	0.06	3.87
	5	44	0.98	0.05	3.54	0.90	0.06	4
	6	29	0.98	0.06	3.93	0.86	0.09	6.06
	7	22	0.97	0.06	4.18	0.86	0.08	5.66
	8	18	0.97	0.07	4.91	0.85	0.1	6.5
	9	16	0.96	0.1	6.5	0.8	0.13	8.63
	10	15	0.95	0.12	8.04	0.74	0.17	11.05
	E	11	0.97	0.07	4.87	0.86	0.08	5.65

续表

光谱形式	分解层数	变量数目	训练集 $n=252$			验证集 $n=63$		
			R^2	RMSE	REP	R^2	RMSE	REP
连续统去除光谱	1	483	0.98	0.05	3.36	0.89	0.07	4.81
	2	249	0.98	0.05	3.12	0.89	0.08	5.06
	3	132	0.98	0.05	3.47	0.88	0.08	5.08
	4	73	0.98	0.05	3.44	0.89	0.07	4.73
	5	44	0.97	0.07	4.63	0.89	0.08	5.09
	6	29	0.97	0.07	4.73	0.88	0.08	5.55
	7	22	0.95	0.14	9.75	0.86	0.1	6.46
	8	18	0.93	0.2	13.75	0.84	0.1	6.96
	9	16	0.9	0.27	18.45	0.81	0.12	8.11
	10	15	0.87	0.35	23.96	0.76	0.15	10.3
	E	11	0.97	0.08	5.39	0.84	0.1	6.7

6.6　基于人工神经网络的冬小麦氮素含量估算

叶片氮含量与光谱反射率之间是一种非线性关系，人工神经网络由于本身具有非线性计算过程和数据结构这一固有特性，比较适合处理非线性映射关系的问题。人工神经网络算法不需使用数值算法建立数学模型，它通过样本数据中学习并记忆，以这种方法确定并建立输入数据集和目标值之间的关系，即使这种潜在的模式未知（Murata et al.，1994；李友坤，2012；Suo et al.，2010）。通过对学习样本进行系统训练，根据一定的规则调整系数，以此完善模型性能，最终得到一个比较理想的结果。利用甄选出的几种最优高光谱参数作为人工神经网络的输入变量，叶片氮含量作为输出变量，构建基于冠层和叶片的高光谱参数的人工神经网络模型，并利用独立试验样本对模型精度进行检验。选择 BP 神经网络和 RBF 神经网络两种人工神经网络模型进行建模，并通过改变参数对神经网络进行优化处理，得到估测叶片氮含量的最佳人工神经网络模型（罗丹，2017；李媛媛等，2016）。

6.6.1　基于 BP 神经网络的冬小麦氮素含量估算

BP 神经网络是一种多层前馈神经网络，该网络的主要特点是信号前向传递，误差反向传播。在前向传递中，输入信号从输入层经隐含层逐层处理，直至输出层，每一层的神经元状态只影响下一层神经元状态。如果输出层得不到期望输出，则转入反向传播，根据预测误差调整网络权值和阈值，从而使 BP 神经网络预测输出不断逼近期望输出。本书利用 MATLAB 建立基于冠层和叶片的 BP 神经网络，基于冠层的 BP 神经网络输入层为 687nm 的一阶导数光谱反射率（D687）、由 741nm 和 525nm 一阶导数光谱构建的土壤调节光谱指数［SASI（D741，D525）］、红边位置、峰度系数和偏度系数，基于叶片的 BP 神经网络输入层为 687nm 的一阶导数光谱反射率（D687）、由 962nm 和 725nm 一阶导数光谱构建的差值光谱指数［RSI（D962，D725）］、红边位置、峰度系数和偏度系数，输出层为相应的叶片氮含量。首先用 MATLAB 自带函数 mapminmax 对数据进行归一化处理，把所有数据都转化为 ［0，1］，目的是消除数据间数量级差别，避免因为输入输出数据数量级差别较大而造成网络预测误差较大（周志华和曹存根，2004）。对于非线性系统建模，主要用到 newff、train 和 sim 三个神经网络函数，newff 是神经网络参数设置函数，其功能是构建一个 BP 神经网络；train 是神经网络训练函数，其功能是用训练数据训练 BP 神经网络；sim 是神经网络预测函数，其功能是用训练好的 BP 神经网络预测函数输出预测数据。利用训练数据训练 BP 神经网络，使网络具有预测能力，用训练好的模型预测输出值，并通过比较模型预测输出和期望输出来分析 BP 神经网络的拟合能力。

本节数据为 2015 年和 2016 年西北农林科技大学试验基地农作一站冬小麦数据，分别获取了冬小麦起身期、拔节期、抽穗期、乳熟期、蜡熟期进行野外冠层光谱数据和室内叶片光谱数据，每个生育期采集 40 个室外样本，共 200 组野外数据；抽穗和乳熟期各采集 40 组室内单叶光谱及相应的叶片，共 80 组室内数据。

6.6.1.1　BP 神经网络冬小麦叶片氮含量预测模型及检验

利用高光谱参数建立基于 BP 神经网络的冬小麦叶片氮含量估算模型。基于冠层和叶片两种尺度建立的 BP 神经网络模型预测值和实测值，以及验证结果的预测值和实测值 1∶1 关系图如图 6-27 所示。

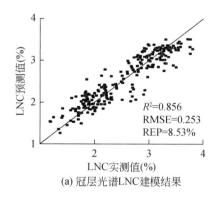

(a) 冠层光谱LNC建模结果

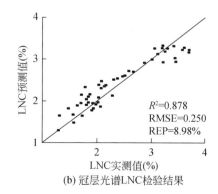

(b) 冠层光谱LNC检验结果

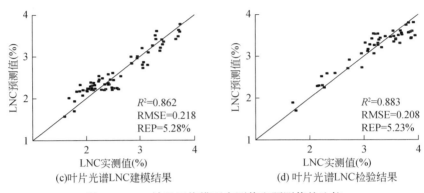

图 6-27   BP 神经网络模型实测值和预测值的比较

由图 6-27 可见，基于冠层高光谱参数的 BP 神经网络建立的模型预测值与实测值之间决定系数 R^2 为 0.856，均方根误差 RMSE 为 0.253，相对误差 REP 为 8.53%，检验结果中预测值与实测值之间 R^2 为 0.878，RMSE 为 0.250，REP 为 8.98%，精度相比传统模型有所提高，且检验结果精度接近建模结果，模型准确性和稳定性良好。由 1∶1 关系图看出 BP 神经网络模型预测值，无论是建模结果还是检验结果都存在一定的过高估计，很多散点位于 1∶1 线之上，且某些样本点误差较大，需要优化算法以得到更好的预测效果。

基于叶片高光谱参数的 BP 神经网络建立的模型预测值与实测值之间决定系数 R^2 为 0.862，均方根误差 RMSE 为 0.218，相对误差 REP 为 5.28%，检验结果中预测值与实测值之间 R^2 为 0.883，RMSE 为 0.208，REP 为 5.23%，相比传统模型，精度略有提高，且检验结果精度超出建模结果，模型具有较好的准确性和稳定性。预测值和实测值散点均匀地分布于 1∶1 线上下，模型适应性良好。

6.6.1.2   优化 BP 神经网络冬小麦叶片氮含量预测模型及检验

BP 神经网络由输入层、隐含层和输出层组成，隐含层层数和节点数对 BP 神经网络预测精度有较大的影响。隐含层根据层数可分为单隐含层和多隐含层，单层 BP 神经网络误差较高，辨识精度较低，增加隐含层的层数可以提高辨识精度。多隐含层由多个单隐含层组成，同单隐含层相比，多隐含层具有泛化能力强、预测精度高的优点，但它可能会导致神经网络过度复杂化，增加神经网络训练时间；隐含层节点数是另一个影响神经网络精度的因素，隐含层的节点数越多，神经网络获取信息的能力就越强，越能成功地逼近目标函数，节点数太少，神经网络不能很好地学习，需要增加训练次数，训练的精度也受影响，而节点数过多，会造成训练时间增加，神经网络容易过拟合。一般在设计中，先选择一个隐含层，当神经网络性能不再随着隐含层节点数的增加而得到较好改善时，再转换到增加隐含层的层数，在增加隐含层层数的同时需适当地减少隐含层的节点数，直到获得一个满意的效果为止（李友坤，2012）。为减少训练时间，简化神经网络结构，上节中建立的 BP 神经网络隐含层节点数设置为 3，其是可供参考的隐含层节点数的最小值，以此来考察 BP 神经网络是否可以通过改变隐含层节点数来提高预测模型精度。

首先通过改变隐含层节点数来提高神经网络精度，利用式（6-7）进行最佳隐含层节点数选择，即

$$l < \sqrt{m+n} + \alpha \tag{6-7}$$

式中，n 为输入层节点数；l 为隐含层节点数；m 为输出层节点数；α 为 $0 \sim 10$ 的常数。通过式（6-7）确定节点数的大概范围，然后用试凑法确定最佳节点数，通过比较建立模型与验证结果的预测精度效果，来确定 BP 神经网络的最佳隐含层节点数，提高模型精度。模型精度与隐含层节点数的关系见表6-10。

表6-10　不同隐含层节点数 BP 神经网络估测模型及检验结果

采集方法	隐含层节点数	建立模型			验证模型		
		R^2	RMSE	REP（%）	R^2	RMSE	REP（%）
冠层高光谱	3	0.856**	0.253	8.53	0.878**	0.250	8.98
	4	0.868**	0.243	8.01	0.867**	0.258	8.55
	5	0.869**	0.241	8.10	0.878**	0.248	7.87
	6	0.875**	0.235	7.81	0.886**	0.239	7.88
	7	0.872**	0.242	8.27	0.885**	0.249	8.75
	8	0.865**	0.244	8.06	0.884**	0.242	7.72
叶片高光谱	3	0.862**	0.218	5.28	0.883**	0.208	5.23
	4	0.867**	0.206	5.03	0.876**	0.246	6.16
	5	0.887**	0.193	4.91	0.861**	0.213	5.12
	6	0.867**	0.209	5.64	0.874**	0.241	5.39
	7	0.873**	0.213	5.31	0.881**	0.257	5.29
	8	0.874**	0.194	4.81	0.819**	0.239	5.17

＊＊表示通过0.01显著性水平检验。

由表 6-10 可以看出，无论是基于冠层高光谱参数还是叶片高光谱参数建立的 BP 神经网络的精度随着隐含层节点数的增加呈现先减少后增加的趋势。对于冠层尺度上，当节点数为 6 时，模型的决定系数最大，误差最小，验证结果准确性高，模型表现稳定。而叶片尺度上，建立的模型和检验结果表现最好时所对应的隐含层节点数为 5，两种尺度存在一定差异，较节点数为 3 时建立的模型（图

6-27）精度有所提高。接下来从神经网络精度和训练时间上综合考虑，在最佳隐含层节点数上适当减少节点数，构建单隐含层和双隐含层模型对冬小麦冠层和叶片两种尺度的叶片氮含量进行反演，比较其预测精度，结果见表6-11。

表6-11 不同神经网络类别 BP 神经网络估测模型及检验结果

采集方法	隐含层节点数	神经网络类别	建立模型			验证模型		
			R^2	RMSE	REP（%）	R^2	RMSE	REP（%）
冠层高光谱	5	单隐含层	0.869**	0.241	8.10	0.878**	0.248	7.87
		双隐含层	0.875**	0.233	7.55	0.896**	0.223	7.64
	6	单隐含层	0.875**	0.235	7.81	0.886**	0.239	7.88
		双隐含层	0.878**	0.244	7.66	0.868**	0.235	8.62
叶片高光谱	4	单隐含层	0.867**	0.206	5.03	0.876**	0.246	6.16
		双隐含层	0.906**	0.169	4.33	0.918**	0.181	5.08
	5	单隐含层	0.887**	0.193	4.91	0.861**	0.213	5.12
		双隐含层	0.891**	0.196	4.93	0.877**	0.201	5.52

＊＊表示通过0.01显著性水平检验。

从表6-10中可以看出，双隐含层 BP 神经网络较单隐含层 BP 神经网络，决定系数提高，相对误差和均方根误差减小，预测精度有所提高，但提高幅度不大。对于冠层尺度上，对比节点数为5和6的双隐含层估测模型，节点数为6的双隐含层模型虽然 R^2 为0.878，是所有模型中最高的，但误差比节点数为5的双隐含层模型大；节点数为5的双隐含层模型与节点数为6的单隐含层模型相比，R^2 并没有提高，而误差有所减少，所以节点数为5的双隐含层模型表现最好，R^2 为0.875，RMSE 为0.233，REP 为7.55%，检验结果中预测值与实测值之间 R^2 为0.896，RMSE 为0.223，REP 为7.64%。验证结果准确性和稳定性都很高，为最佳的 BP 神经网络冠层叶片氮含量估测模型。其预测值在各个值区拟合效果均不错（图6-28），是一种叶片氮含量无损估算的有效方法。

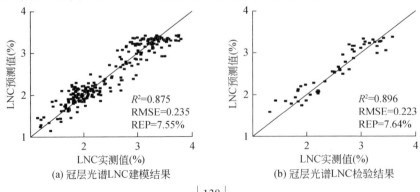

(a) 冠层光谱LNC建模结果　　　　(b) 冠层光谱LNC检验结果

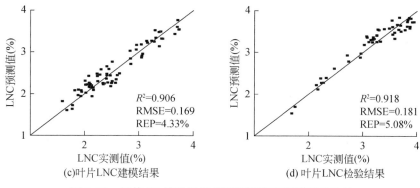

图 6-28　最佳 BP 神经网络模型实测值和预测值的比较

对于叶片尺度建立的 BP 神经网络模型，双隐含层模型较单隐含层模型预测精度有所提高。对比节点数为 4 和 5 的双隐含层估测模型，隐含层节点数为 4 的双隐含层模型的精度更高，建立模型预测值与实测值之间 R^2 达到 0.9 以上，RMSE 为 0.169，REP 为 4.33%，检验结果中预测值与实测值之间 R^2 为 0.918，RMSE 为 0.181，REP 为 5.08%，为最佳基于单叶尺度上的 BP 神经网络叶片氮含量估测模型。比较建立模型与检验结果的预测值和实测值之间散点分布情况，建模样本和检验样本散点均匀分布于 1 : 1 线上下，与 1 : 1 线距离较近，误差较小，在各个值区预测效果均不错。BP 神经网络较传统模型精度有所提高，叶片尺度精度提升幅度高于冠层尺度。

6.6.2　基于 RBF 神经网络的冬小麦氮素含量估算模型及检验

RBF 是一种多维空间插值技术，结构同 BP 神经网络，也是由输入层、隐含层、输出层组成的三层前向神经网络。利用 MATLAB 中的 newrbe 函数构建 RBF 神经网络，该函数能够基于输入向量快速无误地设计一个严格径向基网络，需要设置输入向量、输出向量和 SPREAD 值，设置输入输出向量同 BP 神经网络，扩展系数 SPREAD 值设为默认，用 RBF 神经网络模型来研究高光谱参数与叶片氮含量的数量关系。

6.6.2.1　RBF 神经网络冬小麦叶片氮含量预测模型及检验

经过模型构建、训练和检验，得到 RBF 神经网络建模结果和验证结果如图 6-29 所示。基于冠层高光谱参数建立的模型训练得到的预测值与实测值之间 R^2 为 0.907，RMSE 为 0.208，REP 为 6.05%，检验结果中预测值与实测值之间 R^2 为 0.908，RMSE 为 0.189，REP 为 5.69%。基于叶片高光谱参数建立的模型训练得到的预测值与实测值之间 R^2 为 0.915，RMSE 为 0.168，REP 为 4.56%，检验结果中预测值与实测值之间 R^2 为 0.934，RMSE 为 0.171，RE 为 4.91%。通过比较实测值与预测值（图 6-29），RBF 神经网络的精度明显高于 BP 神经网络（图 6-28），且具有更高的稳定性。

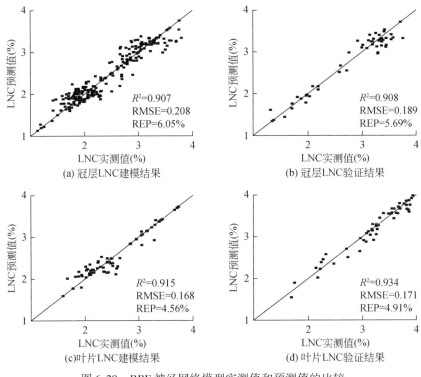

图 6-29 RBF 神经网络模型实测值和预测值的比较

6.6.2.2 优化 RBF 神经网络的冬小麦叶片氮含量预测及检验

建立 RBF 神经网络模型时，当输入和输出向量确定后，扩展系数 SPREAD 的大小会影响神经网络的预测精度，值应该足够大，使神经元能够对输入向量所覆盖的区间产生响应，但过大也会造成过拟合，默认值为 1.0。根据 SPREAD 值要小于输入向量之间的典型距离的一般性原则（谌爱文，2007），确定 SPREAD 值应设置为 [0，1]，下面通过设置不同 SPREAD 值进行尝试，通过比较建立模型与验证结果的预测精度效果，确定一个最优值（表 6-12）。

表6-12 不同 SPREAD 值下 RBF 神经网络估测模型及检验结果

项目	SPREAD 值	建立模型			验证模型		
		R^2	RMSE	REP（%）	R^2	RMSE	REP（%）
冠层高光谱	1	0.907**	0.208	6.06	0.908**	0.189	5.69
	0.9	0.909**	0.205	5.96	0.913**	0.186	5.52
	0.8	0.912**	0.199	5.89	0.916**	0.179	5.51
	0.7	0.912**	0.198	5.95	0.916**	0.198	5.95
	0.6	0.914**	0.193	5.76	0.912**	0.213	5.71
	0.5	0.921**	0.182	5.61	0.461**	1.371	10.46
	0.4	0.952**	0.167	4.45	0.311**	5.598	20.16
	0.3	0.979**	0.143	4.12	0.018	13.476	50.87
叶片高光谱	1	0.915**	0.168	4.56	0.934**	0.171	4.91
	0.9	0.926**	0.157	4.32	0.930**	0.153	4.11
	0.8	0.934**	0.147	3.92	0.932**	0.151	3.67
	0.7	0.935**	0.147	3.87	0.954**	0.142	3.54
	0.6	0.956**	0.146	3.68	0.972**	0.132	3.12
	0.5	0.969**	0.135	3.42	0.381**	0.512	20.34
	0.4	0.977**	0.122	2.76	0.164	7.692	70.86
	0.3	0.981**	0.099	2.22	0.038	10.746	100.53

＊＊表示通过 0.01 显著性水平检验。

从表6-12 中可以看出，无论是基于冠层还是叶片，SPREAD 值越小，决定系数越大，均方根误差和相对误差逐渐减小，建立的模型越精确；但当 SPREAD 值小于一定值以后，验证结果精度下降，说明神经网络性能变差，出现了过适应现象。只有当 SPREAD 值为临界值时，建立的 RBF 神经网络为估测冬小麦叶片氮含量的最佳模型。确定基于冠层高光谱参数建立最佳 RBF 模型对应的 SPREAD 值为 0.8，预测效果准确性高，模型稳定性好。当 SPREAD 值为 0.6 时，基于叶片高光谱参数建立的 RBF 模型精度最佳。

图6-30 为冠层和叶片两种尺度下最佳 RBF 模型的估测和验证结果。较 BP 神经网络模型和传统模型而言，RBF 神经网络模型的建模和验证精度更高，散点分布接近于 1∶1 线，而且该算法结构简便，运行速度更快。

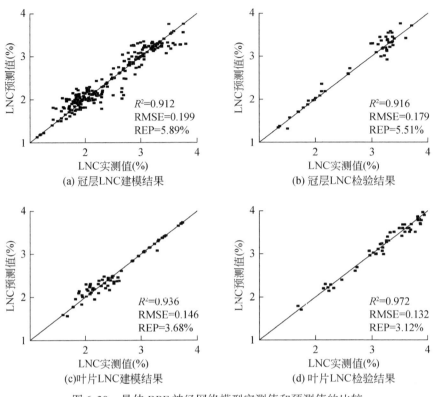

图 6-30　最佳 RBF 神经网络模型实测值和预测值的比较

6.6.3　模型精度对比

表 6-13 展示了部分估算模型精度和检验结果。通过比较可以发现，基于叶片高光谱建立的叶片氮含量估算模型精度高于基于冠层高光谱建立的模型，且特征波段存在差异，估算叶片氮含量时两者之间模型不能通用；不同建模方法下，模型精度有了很大提高，但基于冠层高光谱建立的模型精度提升幅度高于基于叶片高光谱建立的模型；在基于单变量传统回归模型中，基于"三边"参数和光谱指数建立的模型精度相当，较基于敏感波段建立的模型有了很大提高；人工神经网络模型较传统单变量在精度上有了一定提高，且验证结果较好；基于 RBF 网络建立的叶片氮含量估算模型精度略高于 BP 神经网络模型，是最佳的叶片氮含量估算模型。

表 6-13 模型检验结果

项目	模型		建立模型			验证模型		
			R^2	RMSE	REP(%)	R^2	RMSE	REP(%)
冠层高光谱	敏感波段	R695	0.176	0.489	16.34	0.151	0.613	20.06
		D687	0.411**	0.482	13.34	0.401**	0.475	13.01
		MLR	0.552**	0.466	12.52	0.522**	0.465	12.85
	"三边"参数	红边位置 λ_{red}	0.651**	0.391	12.75	0.650**	0.493	13.34
		峰度系数 Kur	0.645**	0.419	14.21	0.603**	0.747	12.87
		偏度系数 Ske	0.665**	0.395	12.66	0.639**	0.401	11.98
	光谱指数	NDSI（863，643）	0.664**	0.287	11.09	0.623**	0.305	10.91
		NDSI（D741，D525）	0.691**	0.275	11.06	0.654**	0.277	9.83
		RSI（863，641）	0.665**	0.286	11.04	0.612**	0.306	11.01
		RSI（D741，D525）	0.670**	0.284	11.18	0.638**	0.286	10.95
		DSI（806，710）	0.616**	0.297	11.97	0.573**	0.327	11.78
		DSI（D725，D687）	0.651**	0.292	11.88	0.621**	0.308	11.35
		SASI（863，643）$_{L=0.07}$	0.731**	0.276	10.17	0.656**	0.298	10.03
		SASI（D741，D525）$_{L=0.001}$	0.742**	0.265	9.98	0.678**	0.234	9.73
	ANN	BP 神经网络	0.875**	0.235	7.55	0.896**	0.223	7.64
		RBF 神经网络	0.912**	0.199	5.89	0.916**	0.179	5.51
叶片高光谱	敏感波段	R697	0.438**	0.259	8.06	0.441**	0.307	10.91
		D687	0.579**	0.254	7.11	0.561**	0.281	9.15
		MLR	0.610**	0.249	7.01	0.641**	0.253	8.33
	"三边"参数	红边位置 λ_{red}	0.671**	0.229	6.95	0.619**	0.345	7.92
		峰度系数 Kur	0.599**	0.221	7.72	0.588**	0.295	7.51
		偏度系数 Ske	0.611**	0.247	6.11	0.729**	0.258	7.23
		黄边面积 S_{D_y}	0.531**	0.448	10.42	0.567**	0.319	7.99
		蓝边振幅 BEA	0.579**	0.373	9.29	0.698**	0.289	7.29
	光谱指数	NDSI（1050，921）	0.761**	0.246	6.62	0.651**	0.231	6.47
		NDSI（D967，D523）	0.778**	0.224	5.47	0.673**	0.229	6.31
		RSI（1076，961）	0.749**	0.249	6.67	0.678**	0.236	6.46
		RSI（D962，D725）	0.778**	0.234	5.70	0.720**	0.219	5.62
		DSI（1076，961）	0.753**	0.248	6.38	0.623**	0.251	6.96
		DSI（D962，D802）	0.798**	0.244	5.99	0.649**	0.231	6.51
		SASI（1050，921）$_{L=-0.5}$	0.808**	0.254	6.44	0.629**	0.242	6.79
		SASI（D967，D523）$_{L=0.009}$	0.816**	0.240	6.41	0.693**	0.221	5.76
	ANN	BP 神经网络	0.906**	0.169	4.33	0.918**	0.181	5.08
		RBF 神经网络	0.936**	0.146	3.68	0.972**	0.132	3.12

＊＊表示通过 0.01 显著性水平检验。

资料来源：罗丹，2017。

6.7 结 论

本章根据田间试验获得的冬小麦冠层反射光谱和叶片氮含量数据，在分析不同方法提取的光谱特征参数与叶片氮含量之间相关性基础上，应用多种方法进行叶片氮含量高光谱估算模型构建，经过模型验证和测试，系统对比和分析不同特征参数和估算模型对冬小麦叶片氮含量的估算能力。得到如下结果。

1）不同变换光谱的敏感单波段反射率与叶片氮含量的相关性存在差异，不同变换光谱、不同敏感波段反射率与小麦叶片氮含量的定量关系都更适合用指数模型来表现，但模型的整体拟合精度欠佳。"三边"参数中的黄边面积、红边面积与叶片氮含量呈正相关关系，而蓝边面积的变化与红边面积相反，随着叶片氮含量的增加，蓝边面积逐渐减小。蓝边范围内，导数光谱为单峰分布，而红边范围内，导数光谱呈现双峰或者3峰的分布形态，在叶片氮含量较低时，导数光谱呈3峰特征，随着叶片氮含量的升高，720nm处的峰值逐渐消失，双峰趋于明显。随着叶片氮含量的增加，叶绿素吸收红边向长波方向位移，红边的位置和形状也发生改变，红边峰值形状整体向下移动，红边峰度系数下降，红边偏度系数增加，峰值向长波方向移动。红边及面积类参数与叶片氮含量关系密切且表现稳定。

2）连续统去除光谱改善了原始冠层光谱与叶片氮含量之间的相关性，在721～727nm与叶片氮含量呈显著负相关，相关系数达到 -0.851，红边区域725nm的连续统去除光谱所建立的叶片氮含量指数估算模型优于原始光谱640nm波段。吸收特征参数增强了吸收波段对叶片氮含量的估算能力，蓝光（400～500nm）波段吸收特征参数与叶片氮含量的相关性整体上弱于红光（550～770nm）波段，550～770nm的红光波段连续统去除光谱特征参数均与叶片氮含量呈显著相关关系。随着叶片氮含量的增加，吸收谷的位置向长波方向移动，最大吸收深度和吸收谷的面积增加，与叶片氮含量呈显著正相关关系，放大了由氮素胁迫间接引起的光谱吸收特性。利用550～770nm波段的吸收峰总面积所建立的叶片氮含量指数估算模型优于敏感波段所建模型，模型的精度和稳定性较高，可用来定量估算冬小麦叶片氮素含量。

3）相对于单一的特征波段，光谱指数构建的叶片氮含量估算模型的精度明显提高，其中表现较为突出的光谱指数有修正红边单比指数（mSR705）、红边单比指数（SR705）、GM、红边指数（VOG3）、红边叶绿素指数（$CI_{red\ edge}$）和红边归一化指数（ND705），6类光谱指数在建模过程中具有较高的拟合精度和较低的均方根误差。通过实测的冬小麦冠层光谱及其对应的冠层叶片氮含量，利用

400～1350nm 所有光谱波段可能的两两组合构建了比值指数、差值指数、归一化指数和土壤调节植被指数，系统分析叶片氮含量和所有组合光谱指数之间的相关关系表明，不同变换光谱和波段组合下的光谱指数对小麦叶片氮含量的光谱敏感区域不同，确定了原始光谱、导数光谱、对数光谱和连续统去除光谱的最佳光谱指数分别为 R_{770}/R_{702}、FD_{744}/FD_{504}、$LOG_{750}-LOG_{717}$ 和 CR_{1056}/CR_{702}，除对数光谱为差值形式外，其他变换光谱的最佳光谱指数均为比值形式，比值指数的表达形式和计算简单，模型的拟合度和可靠性较大，在叶片氮含量的预测研究中均有较好的表现，基于 744nm 与 504nm 波段导数光谱反射率的比值指数模型在精度检验中具有较高的决定系数和较低的标准误差，决定系数达到 0.89，RMSE 为 0.06，估算模型的拟合度和可靠性较高，并且显著改善了叶片氮含量高值区的模拟效果。

4）离散小波变换从消除数据冗余的角度出发，将连续小波变换中的尺度及位移进行离散化，并结合小波信号能量在各尺度上的分布，从而对光谱信号维数进行了压缩，减少特征波段数目，突出光谱轮廓信息（Pu and Gong，2004；Cheng et al.，2010；方圣辉等，2015）。随着小波分解层数的增多，重构信号与原始信号的相关性在第 5 层分解后开始下降，最终在第 10 层分解后趋于平稳，综合数据压缩和保留原高光谱信息量的能力，认为 sym8 小波母函数的效果最佳。基于 sym8 小波母函数和不同变换光谱下的前 10 层分解的小波近似系数进行叶片氮含量的偏最小二乘回归，结果表明，对数光谱相对于其他光谱，在训练集预测模型决定系数、内部交叉验证决定系数和验证集预测决定系数的数值均为最高，说明对数光谱小波系数对叶片氮含量的变化较为敏感，模拟精度稳定，结果的重现性较强，是叶片氮含量小波系数预测的最佳光谱形式。其中第 4 层小波分解近似系数构建的预测模型效果最佳，变量个数为 73 个，模拟方程的决定系数为 0.94，验证集的决定系数为 0.93，RMSE 为 0.04，REP 为 2.72，对叶片氮含量的高值区的预测结果令人满意。第 4 层分解的小波近似系数与叶片氮含量的随机森林回归模型的方程拟合精度和验证精度都较高，决定系数分为 0.98 和 0.91，模型检验的 RMSE 和 REP 均较小，分别为 0.06 和 3.87，拟合效果可以和偏最小二乘回归相媲美。

5）通过分析 BP 神经网络和 RBF 神经网络模型，发现基于冠层和叶片尺度的 RBF 神经网络模型 R^2 都达到 0.9 以上，独立试验检验 R^2 也达到 0.9，RMSE 小于 0.2，REP 小于 6%。但在测试神经网络性能的同时要注意调整 SPREAD 值和神经网络结构，以免造成过拟合。基于冠层高光谱建立的叶片氮含量估算模型精度普遍低于基于叶片高光谱建立的模型，且特征波段并不相同，这是由于地表光谱源是混杂的复合信息（任海建，2012），植被的冠层高光谱一般是由植株、土壤和阴影等共同构成的，所以冠层高光谱主要由植株生化组分、LAI、光层结构和土壤背景等因素综合决定（Gitelson et al.，2003），还会受到大气成分、太阳高度角等多种外界因素影响，而叶片高光谱是在严格控制实验条件的实验室中采集的，所以基于叶片高光谱建立的模型在精度上一定会高于基于冠层高光谱建立的模型，且基于叶片的光谱特征参数建立的模型对于冠层结构并不适用。

第 7 章   冬小麦植株氮磷钾元素含量高光谱估算

氮（N）、磷（P）、钾（K）是冬小麦生长发育所需的最主要营养元素。N、P 元素是冬小麦蛋白质、叶绿素、核酸等生命物质的重要成分，K 元素能够促进光合作用和蛋白质的合成，提高作物抗逆性（吴国梁和崔秀珍，2000；张鸿程等，2000；李国强等，2006）。这 3 种营养元素与冬小麦生长和产量有着密切的关系，任何一种元素的过量或缺乏都会对冬小麦的健康状况造成影响并在冬小麦植株上有所体现，进而引起冠层光谱的变化，因此可以使用高光谱技术对冬小麦植株 N、P、K 含量进行定量反演，实现对冬小麦大量营养元素的快速无损检测（姚霞等，2009；李娟等，2014；尚艳等，2016）。本章使用 2014～2016 年在乾县齐南村试验田获取的冬小麦高光谱观测数据及冬小麦植株全氮、全磷、全钾含量数据，分析不同生育期内不同 N、P、K 含量的冬小麦冠层光谱特征；选择 2014～2015 年数据，分别采用原始光谱、一阶导数光谱、连续统去除光谱和多种光谱参数作为自变量构建冬小麦 N、P、K 含量估算模型，并使用 2016 年所测数据对各个模型进行验证。目的在于寻找适合本区域冬小麦 N、P、K 含量反演的最优模型，为关中地区冬小麦 N、P、K 含量监测提供理论依据和技术支持。

7.1   植株氮磷钾含量统计

本研究在乾县齐南村试验区进行。田间试验共设置 40 个小区，每个小区选取 2 个样点，使用 SVC 测量样点区域冬小麦的冠层光谱；与此同时，选取 25cm×25cm 的样方，采集冬小麦植株地上部分带回实验室杀青、烘干、粉碎，称取 0.2g 左右干样，使用全自动间断化学分析仪测量样品中全氮、全磷、全钾的质量分数。每个生育期 40 组样点数据，每年观测 5 个生育期，共获得 200 组样点数据。使用 2014 年、2015 年数据作为建模样本，2016 年数据对模型进行验证。建模样本集和验证样本集的 N、P、K 统计特征见表 7-1。各元素两个样本集的均值、方差、极值范围、峰度系数和偏度系数等基本相同，没有差异性，能够分别用于建模和验证。

表 7-1　冬小麦植株样本氮、磷、钾含量统计特征

项目		样本数	最小值(%)	最大值(%)	平均(%)	标准误差	方差	峰度系数	偏度系数
N	建模集	400	0.233	2.131	0.728	0.015	0.082	−0.988	0.257
	验证集	200	0.211	2.572	0.694	0.013	0.085	−0.975	0.243
P	建模集	400	0.077	0.515	0.218	0.0028	0.0066	0.128	0.845
	验证集	200	0.058	0.623	0.221	0.0026	0.0064	0.131	0.871
K	建模集	400	0.653	3.209	1.751	0.033	0.395	−1.171	0.104
	验证集	200	0.549	3.335	1.732	0.036	0.402	−1.099	0.098

7.2　不同 N、P、K 含量的冠层光谱特征

不同 N、P、K 含量的冬小麦冠层光谱特征表现出一致的规律性。在反射光谱上（图 7-1），760～1350nm 冬小麦冠层光谱反射率随着 N、P、K 含量的增大而升高。在红边区域的一阶导数光谱上（图 7-2），红边幅值随着 N、P、K 含量的增大而升高；红边位置发生"红移"。在连续统去除光谱上（图 7-3），N、P、K 含量变化对可见光波段的影响更为明显，在 350～480nm，连续统去除光谱随着 N、P、K 含量的增大而减小。总体而言，通过对不同 N、P、K 含量的冬小麦冠层光谱特征进行分析可以发现，冠层光谱对冬小麦 N、P、K 含量的响应波段集中在 350～1350nm 的可见光—近红外，而 1350～2500nm 冠层光谱与 N、P、K 含量之间的关系需要进行进一步分析。

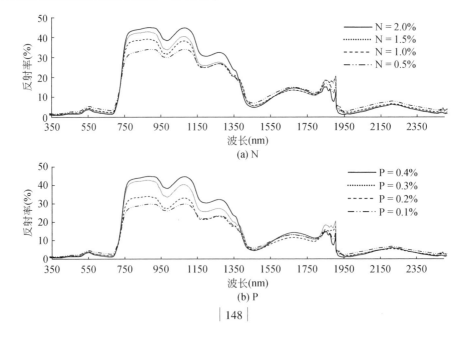

(a) N

(b) P

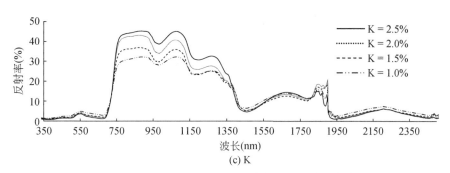

图7-1　不同N、P、K含量冬小麦冠层光谱反射率

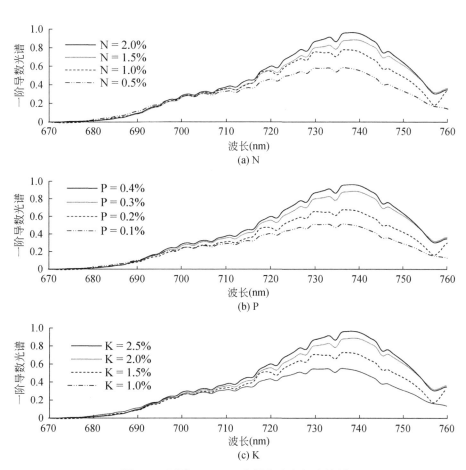

图7-2　不同N、P、K含量冬小麦红边特征

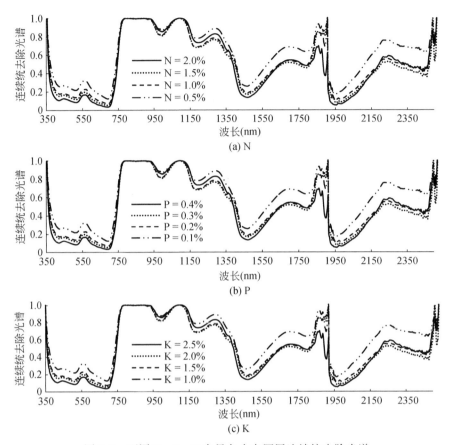

图 7-3　不同 N、P、K 含量冬小麦冠层连续统去除光谱

7.3　植株 N、P、K 含量高光谱估算

7.3.1　基于特征光谱的 N、P、K 含量估算

7.3.1.1　N、P、K 含量与光谱相关性

将全生育期冬小麦 N、P、K 含量与对应的光谱反射率、一阶导数光谱、连续统去除光谱做相关性分析，如图 7-4 ~ 图 7-6 所示。分析结果显示，全生育期 3 种营养元素含量与各类型光谱的相关性在各波段上的变化规律相似，具体表现为以下方面。

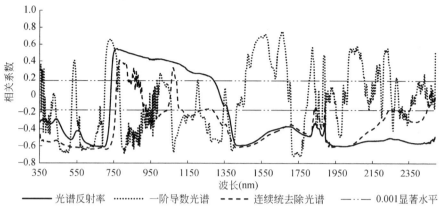

图 7-4　全生育期冬小麦 N 含量与各类光谱相关性

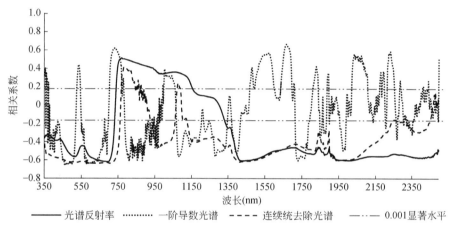

图 7-5　全生育期冬小麦 P 含量与各类光谱相关性

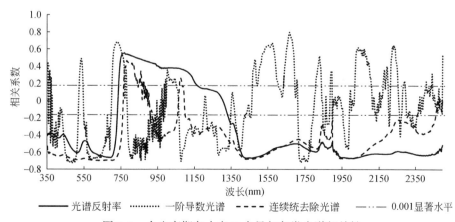

图 7-6　全生育期冬小麦 K 含量与各类光谱相关性

1）在光谱反射率上，N、P、K 含量与光谱反射率在 350～720nm、1350～2500nm 两个范围内极显著负相关，相关系数最高点位于 690nm 附近。N 含量与光谱反射率最大负相关系数为 –0.633（692nm 处），P 含量与光谱反射率最大负相关系数为 –0.631（687nm 处），K 含量与光谱反射率最大负相关系数为 –0.661（688nm 处）；在 750～1150nm，N、P、K 含量与光谱反射率极显著正相关，相关系数最高点位于 755nm 附近。N 含量与光谱反射率最大正相关系数为 0.529（753nm 处），P 含量与光谱反射率最大正相关系数为 0.534（755nm 处），K 含量与光谱反射率最大正相关系数为 0.537（756nm 处）。

2）一阶导数光谱上，与 N、P、K 含量极显著正相关的波段范围有：515～530nm，690～760nm，1470～1690nm，2020～2110nm，2220～2260nm，相关系数最高点出现在 1670nm 附近。N 含量与一阶导数光谱最大正相关系数为 0.754（1670nm 处），P 含量与一阶导数光谱最大正相关系数为 0.663（1670nm 处），K 含量与一阶导数光谱最大正相关系数为 0.795（1670nm 处）；极显著负相关的波段范围有：430～510nm，540～680nm，780～900nm，1060～1140nm，1240～1340nm，1370～1410nm，1720～1790nm，相关系数最高点出现在 1726～1774nm 范围。N 含量与一阶导数光谱最大负相关系数为 –0.714（1771nm 处），P 含量与一阶导数光谱最大负相关系数为 –0.606（1734nm 处），K 含量与一阶导数光谱最大负相关系数为 –0.717（1734nm 处）。

3）连续统去除光谱上与 N、P、K 含量极显著负相关的波段范围有 350～750nm，1300～1850nm，1950～2250nm，相关系数最高点位于 700nm 处。N 含量与连续统去除光谱最大负相关系数为 –0.611（700nm 处），P 含量与连续统去除光谱最大负相关系数为 –0.636（698nm 处），K 含量与连续统去除光谱最大负相关系数为 –0.697（695nm 处）；极显著正相关的波段范围有：760～820nm，但相关系数不高。

由上述分析可以发现，冬小麦全生育期 N、P、K 含量在 350～2500nm 都有与冠层光谱高度相关的波段，在构建 N、P、K 含量估算模型时，应考虑使用全波段范围内对 N、P、K 含量敏感的光谱信息。

7.3.1.2　基于特征光谱的 N、P、K 含量估算模型

使用 2014 年、2015 年冬小麦冠层光谱数据和 N、P、K 含量数据，采用相关性分析结合 SPA+PLS 方法筛选特征光谱波长（表 7-2），以各类型光谱入选波长对应的特征光谱值为自变量，分别采用 PLSR 和 SVR 建立各生育期及全生育期的冬小麦 N、P、K 含量估算模型（表 7-3）。SVR 模型使用 RBF 核函数，采用格网搜索法对惩罚系数 c 和核函数系数 g 进行寻优。使用 2016 年同期数据对表 7-3 中

各模型进行检验，利用预测值和实测值线性拟合方程的 R^2、RMSE、RPD 和 REP 对预测精度进行评价（表7-4）。

表 7-2 冬小麦 N、P、K 含量特征波长

项目	光谱类型	特征波段（nm）
N	光谱反射率	687，761，1425，1950
	一阶导数光谱	486，525，565，723，799，1073，1398，1573，1665，1731
	连续统去除数光谱	603，701，774，1069，1413
P	光谱反射率	502，678，766，1423，2023
	一阶导数光谱	454，526，586，731，803，1077，1279，1665，1731
	连续统去除光谱	700，776，1076，1412，1939
K	光谱反射率	500，687，765，1434，2018
	一阶导数光谱	476，525，586，720，853，1073，1672，1734，2049，2243
	连续统去除光谱	513，695，782，1434，1955

表 7-3 基于特征光谱的冬小麦 N、P、K 含量估算模型

项目	光谱类型	PLSR 模型		SVR 模型			
		R^2	RMSE	R^2	RMSE	c	g
N	光谱反射率	0.545	0.213	0.641	0.028	2.828	4
	一阶导数光谱	0.758	0.143	0.773	0.011	0.707	2.828
	连续统去除光谱	0.525	0.216	0.621	0.024	1.414	22.627
P	光谱反射率	0.537	0.028	0.598	0.008	12	1.737
	一阶导数光谱	0.635	0.025	0.701	0.003	0.565	2.678
	连续统去除光谱	0.528	0.031	0.576	0.011	1.778	32.632
K	光谱反射率	0.541	0.121	0.611	0.075	2.828	8
	一阶导数光谱	0.687	0.086	0.779	0.021	1.796	5.286
	连续统去除光谱	0.533	0.125	0.592	0.082	4	2.414

表 7-4 基于特征光谱的冬小麦 N、P、K 估算模型检验

	光谱类型	PLSR 模型				SVR 模型			
		R^2	RMSE	REP	RPD	R^2	RMSE	REP	RPD
N	光谱反射率	0.512	0.356	0.23	1.301	0.581	0.071	0.11	1.403
	一阶导数光谱	0.713	0.202	0.16	1.415	0.708	0.064	0.07	1.479
	连续统去除光谱	0.507	0.383	0.25	1.322	0.546	0.086	0.12	1.395

光谱类型		PLSR 模型				SVR 模型			
		R^2	RMSE	REP	RPD	R^2	RMSE	REP	RPD
P	光谱反射率	0.511	0.072	0.17	1.302	0.516	0.081	0.09	1.382
	一阶导数光谱	0.615	0.077	0.15	1.402	0.652	0.037	0.03	1.421
	连续统去除光谱	0.501	0.083	0.18	1.351	0.513	0.073	0.08	1.281
K	光谱反射率	0.526	0.237	0.22	1.372	0.531	0.138	0.10	1.332
	一阶导数光谱	0.652	0.182	0.16	1.493	0.703	0.114	0.07	1.604
	连续统去除光谱	0.515	0.231	0.21	1.367	0.526	0.155	0.08	1.421

由上节分析可知,一阶导数光谱在整个波段范围内有多个波段与 N、P、K 含量高度相关,且相关系数高于光谱反射率和连续统去除光谱。在 N、P、K 含量各自的估算模型中,使用一阶导数光谱作为参数的模型都取得了较好的建模精度和预测精度,其中 SVR 模型的精度优于 PLSR 模型,SVR 模型建模 R^2 均在 0.7 以上,预测 R^2 在 0.6 以上,RPD 值大于 1.4。使用光谱反射率和连续统去除光谱的模型精度较差,建模 R^2 和预测 R^2 都小于 0.7,且 RMSE 值和 REP 值较大,RPD 值较小。

7.3.2 基于光谱参数的 N、P、K 含量反演

7.3.2.1 N、P、K 含量与冠层光谱参数相关性

对多种光谱参数和全生育期冬小麦 N、P、K 含量分别进行相关性分析,表 7-5 中列出了与冬小麦 N、P、K 含量相关系数绝对值高于 0.6 的 18 种光谱参数。可以看出,与 N 含量相关性最高的光谱参数为 NDNI($r = -0.712$);与 P 含量相关性最高的光谱参数为($R_g - R_r$)/($R_g + R_r$)($r = -0.657$);与 K 含量相关性最高的光谱参数为 NPCI($r = -0.718$)。但所有这些光谱参数与 N、P、K 含量的相关系数并没有太大差异,各类营养元素缺乏只对自身含量变化敏感而与其他元素相关性弱的光谱参数。

表 7-5 冬小麦 N、P、K 含量与光谱参数相关性

光谱参数	N	P	K
NDVI	0.625 **	0.634 **	0.694 **
GNDVI	0.605 **	0.606 **	0.662 **

光谱参数	N	P	K
OSAVI	0.625 **	0.634 **	0.694 **
RDVI	0.614 **	0.608 **	0.658 **
SIPI	0.609 **	0.628 **	0.685 **
VARI（Green）	0.642 **	0.652 **	0.717 **
VARI（700）	0.631 **	0.616 **	0.687 **
E_NDVI	0.626 **	0.636 **	0.694 **
E_GNDVI	0.621 **	0.620 **	0.677 **
R_g/R_r	0.607 **	0.627 **	0.693 **
$(R_g-R_r)/(R_g+R_r)$	0.622 **	0.657 **	0.705 **
ARVI	0.630 **	0.634 **	0.696 **
NPCI	−0.686 **	−0.647 **	−0.718 **
IPVI	0.625 **	0.634 **	0.694 **
MRENDVI	0.651 **	0.634 **	0.693 **
PSRI	−0.622 **	−0.623 **	−0.687 **
EVI	0.616 **	0.623 **	0.688 **
NDNI	−0.712 **	−0.622 **	−0.628 **

＊＊表示 0.001 水平极显著相关（$n=600$）。

为了寻找分别针对冬小麦 N、P、K 含量的光谱参数，将光谱反射率、一阶导数光谱和连续统去除光谱上 350～2500nm 任意两波段进行组合，构建所有可能组合的 DSI、RSI 和 NDSI，并分别计算全生育期冬小麦 N、P、K 含量与这些指数的线性拟合方程的 R^2，如图 7-7～图 7-9 所示，图中坐标为波段编号。分析结果表明，819nm 和 776nm 两处波段的冠层光谱反射率构建的 DSI（819,776）与 N 含量线性拟合方程 R^2 最高（$R^2 = 0.591$）；918nm 和 790nm 两处波段的冠层光谱反射率构建的 DSI（918,790）与 P 含量线性拟合方程 R^2 最高（$R^2 = 0566$）；918nm 和 790nm 两处波段的冠层光谱反射率构建的 DSI（900,796）与 K 含量线性拟合方程 R^2 最高（$R^2 = 0.698$）。

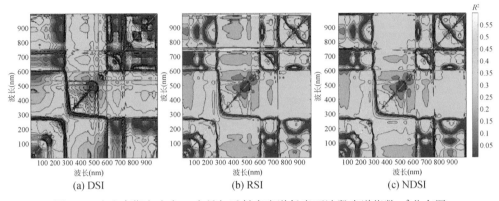

(a) DSI　　　　　　　　　(b) RSI　　　　　　　　　(c) NDSI

图 7-7　全生育期冬小麦 N 含量与反射率光谱任意两波段光谱指数 R^2 分布图

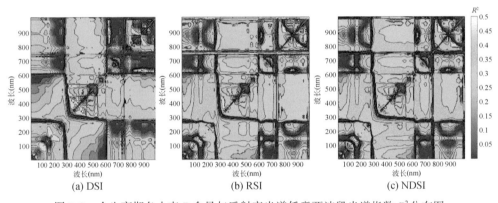

(a) DSI　　　　　　　　　(b) RSI　　　　　　　　　(c) NDSI

图 7-8　全生育期冬小麦 P 含量与反射率光谱任意两波段光谱指数 R^2 分布图

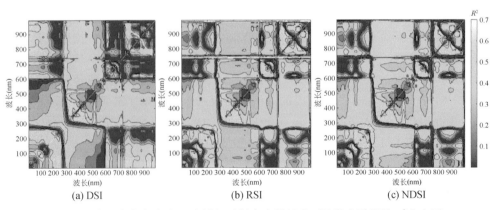

(a) DSI　　　　　　　　　(b) RSI　　　　　　　　　(c) NDSI

图 7-9　全生育期冬小麦 K 含量与反射率光谱任意两波段光谱指数 R^2 分布图

分别计算 DSI（819, 776）、DSI（918, 790）和 DSI（900, 796）与 N、P、K 含量的相关性，结果见表 7-6，DSI（819, 776）与 N 含量相关系数（$r = 0.769$）明显高于与 P、K 含量的相关系数（r 分别为 0.612、0.633），也高于表 7-5 中各光谱参数与 N 含量的相关系数，表明 DSI（819, 776）是对应冬小麦 N 含量特有的敏感光谱参数；DSI（918, 790）与 P 含量相关系数（$r = 0.752$）明显高于与 N、K 含量的相关系数（r 分别为 0.631、0.652），也高于表 7-5 中各光谱参数与 P 含量的相关系数，表明 DSI（918, 790）是对应冬小麦 P 含量特有的敏感光谱参数；DSI（900, 796）与 K 含量相关系数（$r = 0.835$）明显高于与 N、P 含量的相关系数（r 分别为 0.612、0.629），也高于表 7-5 中各光谱参数与 K 含量的相关系数，表明 DSI（900, 796）是对应冬小麦 K 含量特有的敏感光谱参数。

表 7-6　冬小麦 N、P、K 含量与新建光谱指数相关性

光谱指数	N	P	K
DSI（819, 776）	0.769	0.612	0.633
DSI（918, 790）	0.631	0.752	0.652
DSI（900, 796）	0.612	0.629	0.835

7.3.2.2　基于光谱参数的 N、P、K 含量估算模型

（1）基于单个光谱参数的 N、P、K 含量估算模型

分别使用 DSI（819, 776）、DSI（918, 790）和 DSI（900, 796）作为自变量，使用最小二乘回归建立冬小麦 N、P、K 含量的一元估算模型（表 7-7），取得了较好的建模精度，3 个模型的 R^2 都在 0.6 以上。

表 7-7　冬小麦 N、P、K 含量单个光谱参数估算模型

项目	光谱参数	模型	R^2	RMSE
N	DSI（819, 776）	$y = 1.3084e^{-0.638x}$	0.613	0.217
P	DSI（918, 790）	$y = 0.0023x^2 - 0.0292x + 0.2033$	0.602	0.016
K	DSI（900, 796）	$y = 0.1422x^2 - 1.0231x + 2.7777$	0.712	0.212

（2）基于多个光谱参数的 N、P、K 含量估算模型

选用 VARI（Green）、NPCI、NDNI、DSI（819, 776）4 个光谱参数作为估算冬小麦 N 含量的自变量，选用 VARI（Green）、$(R_g - R_r)/(R_g + R_r)$、NPCI、DSI（918, 790）4 个光谱参数作为估算冬小麦 P 含量的自变量，选用 VARI（Green）、$(R_g - R_r)/(R_g + R_r)$、NPCI、NDNI、DSI（900, 796）5 个光谱参数作

为估算冬小麦 K 含量的自变量，分别使用 PLSR 和 SVR 建立各生育期的冬小麦 N、P、K 含量的多元估算模型（表7-8 和表7-9）。其中，SVR 模型使用 RBF 核函数，并采用格网搜索法对惩罚系数 c 和核函数系数 g 进行寻优。各生育期的多光谱参数 N、P、K 含量估算模型的精度均有所提升（R^2 升高，RMSE 降低）。同一生育期内，使用 SVR 模型的 LAI 估算模型具有较高的 R^2 和更低的 RMSE，精度高于 PLSR 模型。

表 7-8　基于 PLSR 模型的冬小麦 N、P、K 含量多个光谱参数估算模型

项目	模型方程	R^2	RMSE
N	$y = -0.929x_1 - 1.379x_3 - 2.659x_4 - 0.213x_5 + 1.278$	0.655	0.177
P	$y = 0.081x_1 + 0.007x_2 + 0.083x_3 - 0.014x_6 + 0.143$	0.631	0.013
K	$y = -5.02x_1 - 0.649x_2 + 5.652x_3 - 7.399x_4 - 0.026x_7 + 2.131$	0.753	0.197

注：x_1 为 VARI（Green），x_2 为 $(R_g - R_r) / (R_g + R_r)$，$x_3$ 为 NPCI，x_4 为 NDNI，x_5 为 DSI（819，776），x_6 为 DSI（918，790），x_7 为 DSI（900，796）。

表 7-9　基于 SVR 模型的冬小麦 N、P、K 含量多个光谱参数估算模型

项目	R^2	RMSE	c	g
N	0.775	0.055	32	0.354
P	0.687	0.009	4	2.828
K	0.799	0.061	8	1.414

（3）模型精度检验

将 3 种基于光谱参数的 N、P、K 含量估算模型分别代入验证数据集，对求得的 LAI 预测值与实测值进行线性拟合分析，使用 R^2、RMSE、RPD 和 REP 评价各类模型的预测效果（表7-10）。各营养元素的 SVR 模型都有最高的 R^2、最低的 RMSE 和 REP，且 RPD 均高于 1.7，表明 SVR 模型具有较高的预测能力；其次是 PLSR 模型，基于单光谱参数的 LSR 模型预测精度最低。

表 7-10　基于光谱参数的冬小麦 N、P、K 含量估算模型检验

项目	LSR 模型				PLSR 模型				SVR 模型			
	R^2	RMSE	REP	RPD	R^2	RMSE	REP	RPD	R^2	RMSE	REP	RPD
N	0.598	0.259	0.15	1.488	0.613	0.198	0.14	1.501	0.752	0.076	0.11	1.972
P	0.576	0.025	0.13	1.432	0.607	0.021	0.12	1.487	0.651	0.011	0.09	1.701
K	0.687	0.233	0.11	1.521	0.728	0.211	0.09	1.875	0.765	0.083	0.07	1.983

与基于特征光谱的冬小麦 N、P、K 含量估算模型相比，本节中基于光谱参数的 N、P、K 含量估算模型的建模精度和预测精度都有提高，表明 DSI（819，776）、DSI（918，790）和 DSI（900，796）3 个新建光谱指数分别对 N、P、K 含量具有良好的指示效果；使用光谱参数的 N、P、K 含量的 PLSR 估算模型和 SVR 估算模型的 R^2 和 RMSE 与模型验证拟合方程的 R^2 和 RMSE 差异较小，REP 也更小，RPD 更高，表现出较好的稳定性和适应性。

7.4 结　　论

本章研究了不同 N、P、K 含量的冬小麦冠层光谱特征，建立了基于特征光谱和光谱参数的冬小麦全生育期 N、P、K 含量估算模型，取得的主要结论如下。

1）冬小麦冠层光谱随 N、P、K 含量变化规律相似，表现为随着 N、P、K 含量的增加，冬小麦冠层光谱在 350～480nm 光谱反射率降低，对光的吸收增加；在 680～760nm，红边幅值升高，红边位置"红移"；在 760～1300nm，反射率升高。

2）冬小麦 N、P、K 含量与各类型光谱相关性的变化规律一致：与光谱反射率在 350～720nm 和 1350～2500nm 显著负相关，在 750～1150nm 显著正相关；与一阶导数光谱相关性变化较大，但相关系数较高；与连续统去除光谱在 350～750nm、1300～1850nm 和 1950～2250nm 显著负相关，其他波段相关性不显著。

3）基于特征光谱建立的 N、P、K 含量估算模型中，以一阶导数光谱作为自变量的模型的建模精度和预测精度普遍高于使用反射率和连续统去除光谱作为自变量的模型，SVR 模型建模精度和预测能力高于 PLSR 模型。

4）冬小麦 N、P、K 含量与多种光谱参数极显著相关。通过波段组合寻优得到 3 个分别与 N、P、K 含量高度敏感的光谱指数：DSI（819，776）、DSI（918，790）和 DSI（900，796），与 N、P、K 含量相关系数分别为 0.769、0.752、0.835。

5）与基于特征光谱的模型相比，使用光谱参数作为自变量建立的冬小麦 N、P、K 含量估算模型精度、预测能力和模型的稳定性都有较大的提升；以多个光谱参数为自变量的多元模型精度高于以光谱参数为自变量的一元模型。

第8章 冬小麦植株含水量高光谱估算

　　水分是植物的主要组成成分。水分亏缺直接影响植物的生理生化过程和形态结构，从而影响植物生长和产量与品质。因此，作物水分管理也是作物生产中最为重要的措施之一。及时准确监测或诊断出作物水分状况，对提高作物水分管理水平和水分利用效率及指导节水农业生产具有重要意义（薛利红等，2003）。基于水分对红外波段的吸收特性，遥感上多采用红外通道进行作物水分状况监测。为了明确水分的敏感光谱，早在1971年，Thomas等（1971）就用完全饱和的叶片在室温下采用逐渐干燥的方法来获取不同含水量下的反射光谱，并研究了叶片含水量与光谱反射率之间的关系。结果表明叶片的光谱反射率随叶片含水量的下降而增加，1450nm和1930nm波段的光谱反射率与叶片的相对含水量显著相关。王纪华等（2001）利用地物光谱仪探讨了小麦叶片含水量对近红外波段光谱吸收特征参量的影响。结果表明，1450nm附近的光谱反射率强吸收特征可敏感地反映小麦叶片的水分状态，适于作为地面遥感探测指标应用。田庆久等（2000）用地物光谱仪对大田内110个小麦叶片进行了光谱反射率测试，采用光谱归一化技术对小麦叶片的光谱特征吸收峰深度和面积进行定量描述和计算，同时测定了小麦叶片的相对水分含量。研究发现小麦叶片相对水分含量与光谱反射率在1450nm附近水的特征吸收峰深度和面积呈现良好的线性正相关关系。本章基于2014年陕西省咸阳市乾县齐南村研究区冬小麦田间试验获得的相关数据，研究冠层光谱、导数光谱、光谱参数与植株含水量的相关性及估算模型。

8.1 植株含水量变化

　　图8-1给出不同生育期不同氮水平下小麦植株含水量变化。随着生育期的推进，植株含水率逐渐升高，在抽穗期达到最大（0.83左右），之后逐渐下降，到乳熟期降到0.57左右，其中返青期—灌浆期植株含水量一直维持在较高水平，乳熟期突然降低。不同氮水平下，各个生育期小麦植株含水量变化表现有所不同，但差异较小。

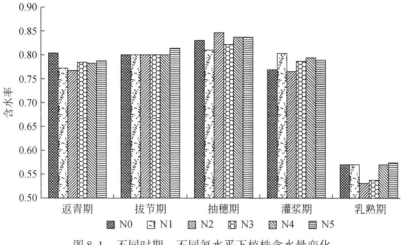

图 8-1　不同时期、不同氮水平下植株含水量变化

8.2　植株含水量的冠层光谱响应

冬小麦植株含水量与冠层光谱反射率之间的相关性如图 8-2 所示。在可见光波段（400 ~ 720nm），植株含水量与冠层光谱反射率呈极显著负相关。在 510nm 附近形成波谷，相关系数为 −0.816；在 646nm 处形成波谷，相关系数达到最大值，为 −0.873；在 514 ~ 563nm 波段，形成一个波峰。在短波近红外波段（720 ~ 1150nm）处，形成一个相关性较高的平台，植株含水量与冠层光谱反射率呈极显著正相

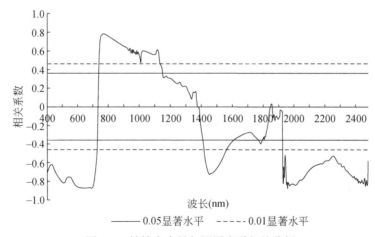

图 8-2　植株含水量与冠层光谱相关分析

关，在 764nm 处达到最大值，相关系数为 0.788，之后相关系数开始下降。在长波近红外（1400 ~ 2500nm）处，植株含水量与冠层光谱反射率呈负相关，在 1450nm 和 2000nm 处形成 2 个吸收谷，呈极显著负相关，其中 1958nm 处达到绝对值极大，相关系数为-0.876。

图 8-3 给出植株含水量与导数光谱相关分析结果。由图 8-3 可知，在 432 ~ 516nm 波段，植株含水量与导数光谱反射率呈极显著负相关，在 463nm 处达到极大值，相关系数为-0.903；在 639 ~ 671nm、713 ~ 756nm、760 ~ 765nm 等波段，呈极显著正相关；在 820 ~ 885nm 波段呈极显著负相关，844nm 处达到极大值，相关系数为-0.938；在 1537 ~ 1598nm 波段呈极显著正相关。其余波段，相关性波动较大。

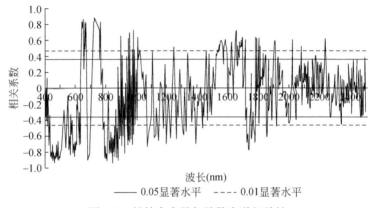

图 8-3 植株含水量与导数光谱相关性

由表 8-1 可知，植株含水量与高光谱特征参量之间的相关性以 D463、D844 、ND［764，646］表现最佳，相关系数绝对值高达 0.9 以上；其次为 F500、F646、F1958、F2464、D_r、R_r、S_{D_r}、$(R_g-R_r)/(R_g+R_r)$、$(S_{D_r}-S_{D_b})/(S_{D_r}+S_{D_b})$、ND［764，500］，相关系数绝对值为 0.8 ~ 0.9。综合来看，除了 D_b、λ_o、S_{D_r}/S_{d_y}、RVI（1958，646）、RVI（2464，500）、ND［2464，500］相关性没有达到显著水平外，其他参数都达到了显著或极显著水平。

表 8-1 植株含水量与高光谱参数相关分析

光谱类型	参数	相关系数
基于光谱位置变量	D_b	-0.337
	λ_b	0.494 **
	D_y	-0.768 **

续表

光谱类型	参数	相关系数
基于光谱位置变量	λ_y	-0.603^{**}
	D_r	0.820^{**}
	λ_r	0.509^{**}
	R_g	-0.764^{**}
	λ_g	-0.748^{**}
	R_r	-0.862^{**}
	λ_o	-0.277
	F500	-0.808^{**}
	F764	0.788^{**}
	F646	-0.873^{**}
	F1958	-0.876^{**}
	F2464	-0.845^{**}
	D463	-0.903^{**}
	D844	-0.938^{**}
	D1656	0.724^{**}
	D1738	-0.767^{**}
基于光谱面积变量	S_{D_b}	-0.651^{**}
	S_{d_y}	0.365^{*}
	S_{D_r}	0.839^{**}
基于光谱植被指数变量	R_g/R_r	0.768^{**}
	$(R_g-R_r)/(R_g+R_r)$	0.822^{**}
	S_{D_r}/S_{D_b}	0.728^{**}
	S_{D_r}/S_{D_y}	0.304
	$(S_{D_r}-S_{D_b})/(S_{D_r}+S_{D_b})$	0.857^{**}
	$(S_{D_r}-S_{D_y})/(S_{D_r}+S_{d_y})$	0.436^{*}
	RVI（764，500）	0.762^{**}
	RVI（764，646）	0.744^{**}
	RVI（1958，500）	-0.389^{*}
	RVI（1958，646）	0.325
	RVI（2464，500）	-0.274
	RVI（2464，646）	0.413^{*}

光谱类型	参数	相关系数
基于光谱植被指数变量	ND［764，500］	0.880**
	ND［764，646］	0.906**
	ND［1958，500］	−0.409*
	ND［1958，646］	0.370*
	ND［2464，500］	−0.281
	ND［2464，646］	0.430*

*通过0.05显著性水平检验，**通过0.01显著性水平检验。

资料来源：尚艳，2015。

8.3 植株含水量的高光谱估算模型

8.3.1 植株含水量的高光谱估算

选取上述植株含水量与冠层光谱、导数光谱、高光谱参数相关系数绝对值高达0.8以上的参数作为变量建立植株含水量的高光谱估算模型。所选参数特征变量分别按指数、对数、线性、多项式、幂五种曲线形式进行估算，最终从中选择与植株含水量决定系数R^2最大的拟合方程作为估算模型，见表8-2。由表8-2可知，除了RVI（764，500）建立的估算模型为指数模型外，其余特征参数与植株含水量之间的关系多为多项式、线性函数关系。所建立的估测模型决定系数均表现良好，全部达到0.6以上，表明模型的精确性有一定的保证。在这些模型中，以F764、D463、D844、RVI（764，646）、ND［764，646］、D_r、S_{D_r}建立的模型精度较高，决定系数R^2高达0.8以上。

表8-2 植株含水量高光谱估算模型

光谱参数	估算模型	R^2
F500	$y=-247.32x^2+0.2083x+0.8534$	0.669
F646	$y=5.4442x+0.8908$	0.761
F764	$y=-17.235x^2+13.566x-1.8479$	0.805
F1958	$y=-123.57x^2-1.413x+0.8597$	0.784
F2464	$y=-286.32x^2+5.7043x+0.7887$	0.789
D463	$y=2E+06x^2-1702.4x+0.8081$	0.822
D844	$y=-503.88x+0.903$	0.879
RVI（764，500）	$y=40.043x^{2.5057}$	0.701

光谱参数	估算模型	R^2
RVI (764, 646)	$y=-0.0006x^2+0.0321x+0.4346$	0.824
ND [764, 500]	$y=0.5758x^2-0.336x+0.8129$	0.778
ND [764, 646]	$y=0.9173x-0.0363$	0.822
D_r	$y=-10\ 436x^2+189.67x-0.0432$	0.861
S_{D_r}	$y=-17.873x^2+11.727x-1.1041$	0.869
R_r	$y=-6.2115x+0.8885$	0.743
$(S_{D_r}-S_{D_b})\ /(S_{D_r}+S_{D_b})$	$y=-3.3018x^2+7.3727x-3.1801$	0.741
$(R_g-R_r)\ /(R_g+R_r)$	$y=-2.2031x^2+2.1138x+0.312$	0.758

8.3.2　植株含水量估算模型检验

8.3.2.1　小区样本检验

利用小区检验样本对以上估算模型的精度进行验证。检验结果见表 8-3。由表可知，以 F764、F1958、F2464、S_{D_r} 建立的估算模型实测值与模拟值决定系数 R^2 表现相对较差，其余植株含水量的估算模型均具有良好的检验结果，R^2 达到 0.5 以上。继续比较模型的 RMSE 发现，RVI (764, 646)、ND (764, 646)、D_r、$(R_g-R_r)\ /(R_g+R_r)$ 拥有较小 RMSE。进而比较分析 REP，发现在这四个参数中，D_r 的 REP 最小。通过综合分析建模过程及模型检验结果，本着拟合 R^2 和预测 R^2 相对较高而 RMSE 及 REP 较小的原则，认为 D_r（红边位置）所构建的植株含水量高光谱估测模型最优，方程为：$y=-10\ 436x^2+189.67x-0.0432$。

表 8-3　植株含水量高光谱估测模型检验结果

参数	R^2	RMSE	REP （%）
F764	0.315	0.141	12.04
F1958	0.367	0.099	9.03
F2464	0.269	0.082	7.34
RVI (764, 646)	0.612	0.069	6.53
ND (764, 646)	0.588	0.064	4.74
D844	0.758	0.098	10.51
D_r	0.766	0.053	5.34
S_{D_r}	0.438	0.107	9.03
R_r	0.604	0.111	7.72
$(R_g-R_r)\ /(R_g+R_r)$	0.654	0.061	5.81

8.3.2.2　大田样本检验

为了检验所获得的植株含水量估测模型的可靠性与普适性，本书利用同时期在杨陵揉谷镇（RG）、扶风县巨良农场（JL）获得的大田实验数据对所确定的植株含水量估算模型进行检验。检验结果见表8-4，小区试验获得的植株含水量估算模型在大田中有较好的应用。检验结果表明，揉谷镇试验田与巨良农场试验田的最终 R^2 都在0.8以上，RMSE 也都较小。但是相对误差 REP 在巨良农场试验田的表现相对较差，为19.25%。总体上，所获得的植株含水量估测模型有较高准确性与较好普适性。

表8-4　植株含水量模型大田检验结果

试验田	R^2	RMSE	REP（%）
RG	0.858	0.07	7.504
JL	0.8944	0.09	19.25

8.4　结　　论

随着生育期的推进，植株含水率逐渐升高，在抽穗期达到最大，之后逐渐下降，到乳熟期降到最小。不同氮水平下，各个生育期小麦植株含水量变化表现不一致，都有所差异但差异不明显。通过分析植株含水量与冠层光谱、导数光谱、高光谱参数的相关性，得出植株含水量在可见光波段与光谱反射率呈负相关，在近红外波段（760~1150nm）呈正相关，1150nm 以后相关系数开始下降，直到负相关，且波动较大。通过导数光谱得到的相关系数明显高于原始光谱。同时本研究得到了相关系数最大值对应的冠层光谱波段、导数光谱波段，利用这些参数及本书选用的高光谱参数，建立了植株含水量的高光谱估算模型，其中以 F764、D463、D844、RVI（764，646）、ND［764，646］、D_r、S_{D_r} 建立的模型精度较高。本着拟合 R^2 和预测 R^2 相对较高而 RMSE 及 REP 较小的原则，最终选择一阶导数红边位置（D_r）为植株含水量的估算模型，方程为 $y = -10\,436x^2 + 189.67x - 0.0432$。检验结果为决定系数 $R^2 = 0.766$，RMSE $= 0.053$，REP $= 5.34$。同时对所确定的植株含水量估算模型进行大田验证，得到了较好的准确性与普适性。

| 第 9 章 |　　近地高光谱影像冬小麦理化参数反演

在传统的农作物各项理化参数的测量中，包括前面章节中应用的非成像光谱仪，所获取的信息往往是基于点位的，难以直观、全面地诊断农作物叶片和植株的生长状况。高光谱图像具有图谱合一的特点，图像上每一个像元点都包含着丰富的光谱信息，不同性质的目标点有着不同光谱特征，因此理论上通过光谱特征可以反演出图像上每一个像元点的特定性质，进而得到目标物整体的性质。近年来随着高光谱成像技术的发展，成像光谱仪开始越来越多的应用于农作物生理生化组分快速无损检测，张东彦等（2011a）、谭海珍等（2008）、丁希斌等（2015）使用成像光谱仪估算不同农作物叶片的叶绿素含量；张筱蕾等（2014）、王方永等（2011）对高光谱成像技术快速检测棉花、油菜等作物叶片的氮含量进行了研究；López-Maestresalas 等（2016）使用成像光谱仪检测马铃薯果实病斑；Wu 等（2016）对高光谱成像技术估算玉米叶片组分信息的最优算法进行了研究。这些研究证实了成像光谱仪在农作物监测中的应用价值。

本章使用成像光谱仪获取冬小麦叶片和植株的高光谱影像，同步测量叶片不同部位的叶绿素值和花青素值，结合前面章节分析结果，建立针对高光谱影像的叶绿素和花青素估算模型，依据高光谱影像反演各项理化参数在叶片和植株水平的分布状况。

9.1　叶片和植株的近地高光谱影像获取与处理

9.1.1　近地成像光谱仪介绍与测量试验

近地高光谱影像获取使用的仪器为 SOC 710VP 成像光谱仪（简称 SOC）。SOC 为内置推扫式成像光谱仪，无须外置扫描平台，具备可视化对焦功能，可快速、便捷地获取目标物在 375～1042nm 波段的 128 个波段的高光谱图像，光谱分辨率为 4.7nm，像素为 696pixels×520pixels。

冬小麦植株和叶片高光谱图像的测量在室外阳光下进行。测量时间为 11：00～

14：00，天气晴朗、无风无云。所用叶片采自乾县齐南村试验区，分别于 2016 年 4 月 12 日、4 月 28 日、5 月 11 日测量冬小麦拔节期、抽穗期和开花期 3 个生育期的叶片和植株的高光谱影像与理化参数，每期测量 160 个叶片和 40 个植株。

叶片高光谱影像与相关参数测量：将冬小麦叶片从植株上采下，平铺置于黑布上，SOC 镜头位于垂直黑布中心上方 0.5m 处。镜头焦距为 5.6mm，根据光线条件设置积分时间为 15ms。与高光谱影像获取同步进行叶片叶绿素和花青素的测量：将叶片分为叶尖、叶中、叶尾三个部位，使用 SPAD-502 和 Dualex Scientific + 分别测量每个叶片 3 个部位的叶绿素相对含量（SPAD 值）和花青素相对含量（Anth 值）并记录。

植株高光谱影像与相关参数测量：在各生育期将采集的冬小麦植株样本水平放置于黑布上，SOC 镜头位于垂直黑布中心上方 2m 处，获取冬小麦植株的光谱影像，使用 SPAD-502 和 Dualex Scientific + 分别测量每个植株上层叶片、中层叶片和下层叶片的叶绿素相对含量、花青素相对含量并记录。

(a) 冬小麦叶片　　　　　　　　　(b) 冬小麦植株

图 9-1　冬小麦叶片、植株高光谱图像（RGB 真彩色合成）

9.1.2　SOC 高光谱影像处理

首先，应用 SOC 配套的 SRAnal 710 软件将获取的原始图像转换为遥感图像处理软件 ENVI 可识别的反射率图像；然后，在 ENVI 中使用 ROI 工具选取各个叶片上与理化参数测量相对应的部位，将 ROI 选区内光谱反射率的加权平均值作为该样点光谱值，每个生育期提取 160 片叶子 480 个样点的光谱反射率。

9.1.3 SOC 影像光谱特征及精度验证

本书采用 SVC 测得的地物光谱作为标准来验证 SOC 获取的光谱数据的准确性，SOC 和 SVC 测得的同一叶片和裸地的光谱曲线如图 9-2 所示。

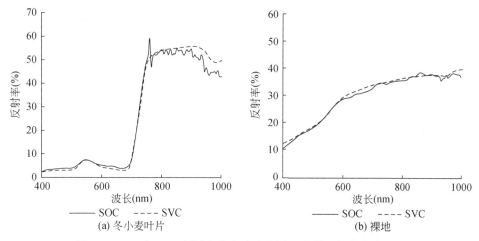

图 9-2 SOC 与 SVC 所测冬小麦叶片和裸地光谱反射率曲线对比

通过对比可以看出，在观测波段范围内，SOC 与 SVC 两种仪器测得的各类地物光谱曲线总体趋势相同，光谱反射率测定值高度相关，主要差异表现在：在750~900nm 波段 SOC 光谱反射率噪声较大；在 900~1000nm 的波段 SOC 所测的地物光谱曲线大幅波动，光谱反射率有所下降。对两种仪器所测不同农作物光谱反射率的绿光反射峰（绿峰）、红光吸收谷（红谷）及红边位置进行统计，结果见表 9-1，各仪器所测冬小麦叶片主要的植被光谱特征值和对应的波长相近。

表 9-1 SOC、SVC 冬小麦光谱特征值

项目	绿峰位置（nm）/反射率（%）	红谷位置（nm）/反射率（%）	红边位置（nm）/红边振幅
SOC	550/10.81	678/5.32	721/1.05
SVC	551/11.32	676/5.46	722/1.03

将 SVC 数据按 SOC 采样间隔在 400~1000nm 波段进行光谱重采样，并对SOC 与 SVC 所测数据进行拟合分析，结果如图 9-3 所示，拟合方程 R^2 为 0.9946，斜率为 1.0696，表明对于同一目标物，SOC 所测光谱数据与 SVC 高度相似，具有较高的精度。

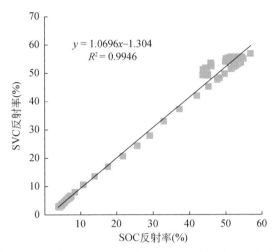

图 9-3 SOC 与 SVC 所测冬小麦叶片光谱反射率拟合分析

综上所述，SVC 测得的光谱曲线更为平滑，噪声较小，而 SOC 测得的光谱曲线波动幅度较大，在 750～1000nm 波段的近红外波段尤为明显，表现出较强的噪声。这是因为 SVC 作为非成像地物光谱仪有很高的灰度分辨率和稳定性，而 SOC 需要兼顾图像的获取和每个像元的高光谱数据采集，暂不能在获得高的空间分辨率和高光谱分辨率的同时，灰度分辨率也同步提高，导致测定结果不稳定。

9.2 叶片和植株不同部位光谱特征分析

在微观尺度上，叶绿素、花青素、氮素等组分在冬小麦叶片和植株的不同部位分布状况不同，植株的不同部位的结构也不同，相应的叶片和植株各部分的光谱特征也有差异。使用 ENVI 软件中的 ROI 工具，在冬小麦叶片高光谱图像上分别提取叶尖、叶中和叶尾的光谱反射率，如图 9-4（a）所示；在抽穗期冬小麦植株高光谱图上分别提取上层叶片、中层叶片、下层叶片、穗部和茎秆的光谱反射率，如图 9-4（b）所示。

由图 9-4（a）可以看出，冬小麦叶片的不同部位光谱反射率不同，在 400～700nm 波段，叶尾的光谱反射率较高，叶中的光谱反射率较低，表明叶中是对可见光光能吸收利用最强的部分。SPAD 值测量结果也显示，叶中的 SPAD 值高于叶尖和叶尾；Anth 值分布规律则相反。在 750～1000nm 波段，叶中和叶尾的光谱反射率较高，叶尖的光谱反射率较低。

由图 9-4（b）可以看出，抽穗期冬小麦植株各部位的光谱反射率都表现出正常植被反射特征，这主要是因为在抽穗期，冬小麦植株地上部位（包括叶片、

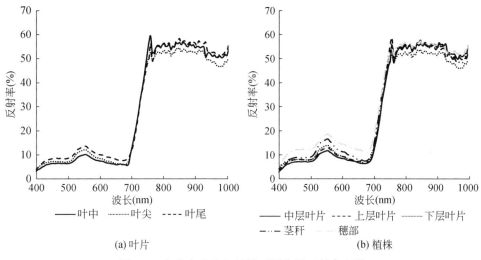

(a) 叶片　　　　　　　　　　　　　(b) 植株

图 9-4　冬小麦叶片与植株不同位置反射率光谱

茎秆和穗部）均含有叶绿素。冬小麦植株的不同部位光谱反射率不同，在 400～700nm 波段，穗部光谱反射率最高，其次是茎秆，两者在可见光区域的光谱反射率都明显高于叶片。不同层位的叶片相比较，下层叶片光谱反射率最高，上层叶片次之，中层叶片最低。这说明在冬小麦植株地上各个部位中，中层叶片对可见光的吸收利用能力最强，其次是上层叶片和下层叶片，再次是茎秆和穗部。SPAD 值测量结果也显示，抽穗期冬小麦叶片的 SPAD 值以中层叶片最高，其次是上层叶片，下层叶片最低；Anth 值分布情况相反。在 750～1000nm 波段，下层叶片的光谱反射率较低，其他部位光谱反射率没有显著差异。

9.3　基于 SOC 影像的叶片 SPAD 值和 Anth 值估算模型构建

9.3.1　叶片 SPAD 值和 Anth 值与 SOC 影像光谱参数相关性分析

根据第 3 章和第 4 章分析结果，基于光谱参数的冬小麦叶片 SPAD 值和 Anth 值估算模型具有较好的精度和适用性，SOC 光谱与 SVC 光谱具有较好的一致性，同时光谱参数的使用可以避免由于传感器不同引起的误差。以抽穗期叶片和植株为例，对 SOC 影像上提取的光谱参数与各项农学参数进行相关性分析，结果见表 9-2，可以看出，SPAD 值和 Anth 值与各个 SOC 光谱参数之间的相关性依然达到高水平，可以用于构建基于 SOC 影像的冬小麦叶片 SPAD 值和 Anth 值估算模型。

表 9-2　开花期冬小麦各项农学参数与 UHD 光谱参数相关系数

光谱参数	变量编号	SPAD 值	Anth 值
VOG1	x_1	0.851	−0.721
VOG2	x_2	−0.863	0.738
E_GNDVI	x_3	0.896	−0.893
$(S_{D_r}-S_{D_b})/(S_{D_r}+S_{D_b})$	x_4	0.912	−0.921
$(S_{D_r}-S_{D_y})/(S_{D_r}+S_{D_y})$	x_5	0.738	−0.905
MRENDVI	x_6	0.893	−0.896

9.3.2　基于 SOC 影像光谱参数的冬小麦理化参数估算模型

SOC 高光谱影像由于同时包含了高维光谱信息和高空间分辨率的图像信息，数据量较大，在保证精度的前提下，对高光谱影像进行反演估算模型构建时宜采用简洁、直观的模型。使用 PLSR 构建抽穗期基于 SOC 影像的 SPAD 值和 Anth 值估算模型，结果见表 9-3，两个模型均取得了较高的建模精度。

表 9-3　抽穗期冬小麦 SPAD 值和 Anth 值 SOC 估算模型

农学参数	模型方程	R^2	RMSE
SPAD 值	$y = 38.533x_1 + 219.483x_2 + 52.334x_3 + 42.233x_4 + 0.693x_6 - 33.242$	0.812	1.324
Anth 值	$y = 0.076x_3 + 0.069x_4 - 0.812x_5 + 0.107x_6 + 0.539$	0.856	0.0111

9.4　SOC 高光谱影像冬小麦 SPAD 值和 Anth 值反演

在 ENVI 环境下，使用掩膜工具剔除背景，提取纯的叶片和植株的高光谱图像，分别使用表 9-3 中抽穗期 SPAD 值和 Anth 值估算模型对冬小麦叶片与植株高光谱图像进行逐像元解算，得到冬小麦叶片和植株的 SPAD 值和 Anth 值分布图（图 9-5 和图 9-6）。由图 9-5 中可以看出，SPAD 值和 Anth 值在叶片上的预测值范围和分布位置与实测情况一致：各个叶片中部 SPAD 值较高，Anth 值较低；叶片两端 SPAD 值较低，Anth 值偏高；生长状况良好的健康叶片（2 号、3 号叶片）

各部位 SPAD 值比较高（高于 50），Anth 值很低（低于 0.1）；长势较差的叶片（4 号、5 号叶片）各部位 SPAD 值低（低于 50），Anth 值偏高（高于 0.12）。由图 9-6 可以看出，SPAD 值和 Anth 值在植株上的预测值范围与分布情况也与实测值一致，中层叶片有着较高的 SPAD 值和较低的 Anth 值，上、下两层叶片 SPAD 值偏低，Anth 值偏高；茎秆和穗部的 SPAD 值较低；其中茎秆的 SPAD 值从上到下有递减的趋势，Anth 值从上到下递增。

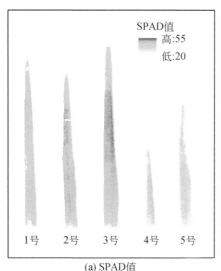
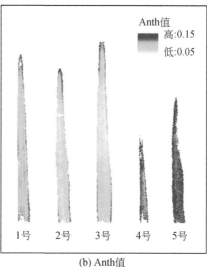

(a) SPAD值　　　　　　　　(b) Anth值

图 9-5　冬小麦叶片 SPAD 值与 Anth 值反演估测图

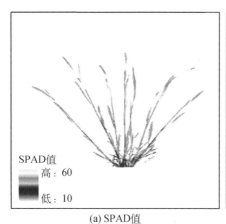

(a) SPAD值　　　　　　　　(b) Anth值

图 9-6　小麦植株 SPAD 值与 Anth 值反演估测图

为了进一步验证反演估算精度，在 ENVI 中提取图 9-5 和图 9-6 各专题图中叶片和植株上与实测部位对应的 SPAD 值和 Anth 值，并将提取出的预测值与实测值进行线性拟合分析，结果如图 9-7 和图 9-8 所示，各拟合方程 R^2 均达到 0.8以上，斜率都接近 1，表明各专题图对冬小麦叶片 SPAD 值和 Anth 值的预测取得了良好效果。

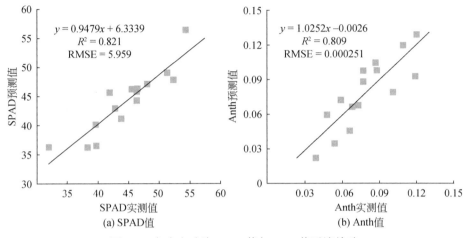

图 9-7　冬小麦叶片 SPAD 值与 Anth 值反演检验

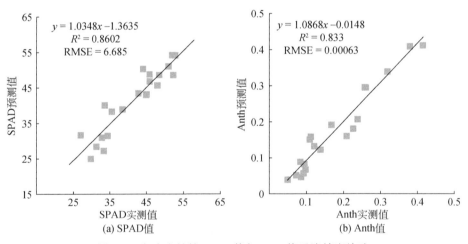

图 9-8　冬小麦植株 SPAD 值与 Anth 值反演精度检验

9.5　结　　论

本章使用近地成像光谱仪 SOC 获取冬小麦叶片和植株的光谱影像，监测冬小麦叶片和植株的叶绿素、花青素含量的分布状况，取得的主要结果如下。

1）从 SOC 影像上提取叶片光谱，与相同叶片相同位置的 SVC 光谱进行对比分析，结果表明，在 400~900nm 波段，两种仪器获取的同种目标物的光谱反射率基本一致；SOC 光谱在 750~1000nm 波段与 SVC 光谱相比噪声较大；在 900~1000nm 波段 SOC 光谱与 SVC 光谱差异明显，SOC 光谱波动剧烈，光谱反射率随波长的增加明显降低。SOC 高光谱影像在 400~900nm 波段可以准确反映地物光谱信息。

2）冬小麦叶片不同部位的光谱特征不同，在 400~700nm 波段叶片中间部分光谱反射率较低，两端光谱反射率较高；在 750~1000nm 波段叶片中间部分光谱反射率较高，两端光谱反射率较低。冬小麦植株不同组分和不同层位叶片光谱特征不同，在 400~700nm 波段穗部和茎秆光谱反射率较高，叶片光谱反射率较低；而对于不同层位的叶片，下层叶片光谱反射率高于中、上两层叶片；在 750~1000nm 波段，茎秆光谱反射率较低，其他部位光谱反射率差异不明显。

3）从 SOC 影像提取相应的光谱参数，使用 PLSR 建立基于 SOC 影像的冬小麦 SPAD 值与 Anth 值估算模型，并用所建模型对 SOC 高光谱影像进行反演运算，得到叶片与植株 SPAD 值和 Anth 值分布图。检查验证结果表明 SPAD 值和 Anth 值在叶片与植株上的预测值范围及其分布与实测情况一致，预测值与实测值拟合方程决定系数达 0.8 以上，斜率近似值为 1。

第10章 | 无人机高光谱影像冬小麦长势监测

在精准农业中，使用多光谱或高光谱传感器在田间对农作物长势进行监测已经成为常用技术手段。在地面田间测量中，常用非成像地物光谱仪测量农作物冠层光谱，但每次只能获取单个样点上的光谱数据；也有部分研究使用成像光谱仪获取冠层高光谱图像，具有图谱合一的优势（张东彦等，2011b），但因平台高度限制，不能获取大范围农田影像。卫星遥感监测具有覆盖面积广的优势，但空间分辨率和光谱分辨率相对较低，反演精度难以达到精准农业的要求（史舟等，2015）。在当前农业管理中，对兼具有便携、易用、高分辨率等特点且能在区域尺度上监测作物长势的遥感传感器的需求日益凸显。近年来，无人机遥感技术迅速发展，以机动灵活、操作简便、按需获取数据且时空分辨率高、光谱分辨率高的优势，成为农情监测的又一重要手段（Colomina and Molina, 2014；Bendig et al., 2014；杨贵军等，2015；秦占飞等，2016；田明璐等，2016a, b）。但目前农业无人机遥感多以普通数码相机和农业多光谱相机为主要传感器，获取的影像数据光谱信息有限，限制了对农作物的生理生化参数的监测。本章以多旋翼无人机为平台，搭载新型的成像光谱仪组成无人机低空遥感系统，在冬小麦试验区上空进行飞行摄影，获取高光谱影像，构建冬小麦冠层叶绿素、花青素、LAI，以及 N、P、K 含量等农学参数的估算模型，依据获取的高光谱影像，反演估测区域冬小麦生长状况的农学参数，为农作物长势监测提供新的技术手段。

10.1 低空无人机影像获取与处理

10.1.1 低空无人机成像光谱仪介绍及飞行试验

本书使用的低空无人机遥感系统的传感器为 Cubert UHD185 成像光谱仪（简称 UHD）。UHD 是一种轻量化（470 g）、全画幅、实时成像的光谱仪，采用全画幅快照式高光谱成像技术，最快可在 0.1ms 内获取 450～950nm 波段的 137 个波段的高光谱影像，光谱采样间隔为 4nm，全色影像分辨率为 1000pixels×

1000pixels，高光谱影像分辨率为 50pixels×50pixels。搭载 UHD 的遥感平台为八旋翼无人机。空中摄影时无人机飞行高度为 100m，设定航速为 6m/s。光谱仪镜头视场角为 15°，镜头垂直向下，在此条件下获取的影像空间分辨率为 2.3cm。分别于 2016 年 4 月 28 日、5 月 16 日 11：00～12：00 获取杨陵区西北农林科技大学实验农场研究区冬小麦试验田开花期、灌浆期两期高光谱影像数据；与此同时，同步进行了低空高光谱影像的采集与冬小麦田间地面光谱和农学参数测量。在 20 个小区内，每个小区选取 4 个样点测量 SPAD 值、Anth 值、LAI 和 N、P、K 含量。

10.1.2　UHD 高光谱影像处理

使用与仪器配套的软件 Cubert Pilot 对 UHD 获取的高光谱数字影像进行辐射校正、大气校正、影像融合等处理，得到反射率影像数据。使用 Agisoft PhotoScan 软件对影像进行拼接，得到无人机飞行覆盖区域的完整高光谱影像。在 ENVI 5.1 软件中进行图像解译，识别并提取出冬小麦地块，根据地面光谱和农学参数测量的样点位置，在 UHD 影像上确定对应点构建兴趣区，以兴趣区范围内地物的平均光谱反射率值作为该样点冬小麦冠层光谱反射率，并计算相应的光谱参数。

10.1.3　UHD 影像光谱特征及精度验证

本书采用 SVC 测得的地物光谱反射率值作为标准来验证 UHD 获取的光谱数据的准确性。图 10-1 为 UHD 影像上地物点与对应地面位置 SVC 测得的地物光谱

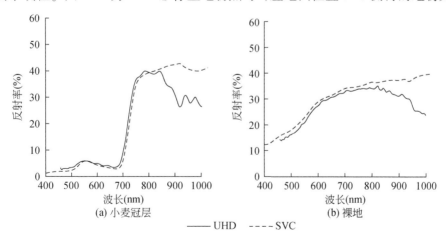

(a) 小麦冠层　　(b) 裸地

—— UHD　---- SVC

图 10-1　UHD 与 SVC 所测各类地物反射率光谱曲线对比

曲线对比，可以看出，在所测量的波段范围内，两种仪器测得的各类地物的光谱反射率总体趋势相近但又略有不同：在波长 450～850nm 的可见光—近红外波段，两种仪器所测同种地物的光谱反射率曲线基本相同；在波长 850～1000nm 的近红外波段，光谱曲线有较大差异，主要表现为 UHD 所测的地物光谱曲线波动明显，这是由于此波长范围是 UHD 传感器的探测边界，信号衰减严重，噪声增大。

UHD 和 SVC 测得的冬小麦冠层的光谱反射率均表现出典型的植被特征曲线，对两种仪器所测冬小麦光谱反射率的绿光反射峰（绿峰）、红光吸收谷（红谷）及红边位置等植被光谱特征进行统计，结果见表 10-1，所测冬小麦主要的植被特征光谱值接近，对应波段的位置也相近。将 SVC 数据按 UHD 采样间隔在波长 450～850nm 波段进行光谱重采样，并对 SOC 与 SVC 所测数据进行拟合分析，结果如图 10-2 所示，拟合方程 R^2 为 0.9994，斜率为 1.0334，表明对于同一目标物，UHD 所测光谱数据与 SVC 高度相似，具有较高的精度。

表 10-1　UHD、SVC 冬小麦光谱特征值

	绿峰位置（nm）/反射率（%）	红谷位置（nm）/反射率（%）	红边位置（nm）/红边振幅
UHD	554/6.61	674/3.12	722/1.08
SVC	553/6.79	672/2.99	726/1.08

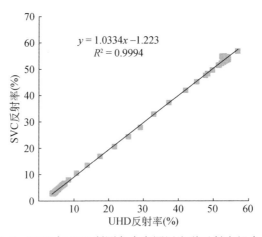

图 10-2　UHD 与 SVC 所测冬小麦冠层光谱反射率拟合分析

通过和 SVC 采集的光谱反射率数据进行比对，在 450～850nm 波段，对同种地物两种仪器有着相同反射光谱特征，光谱反射率曲线具有良好的一致性，同类农作物的光谱特征值和植被指数之间没有显著差异，表明在此波段范围 UHD 所获取高光谱影像中包含的地物光谱信息是准确可靠的。

10.2 基于 UHD 高光谱影像的冬小麦农学参数估算模型构建

10.2.1 冬小麦农学参数与 UHD 影像光谱参数相关性分析

由 10.1.3 节分析可知，UHD 高光谱影像上地物光谱反射率与 SVC 所测光谱反射率在 450~800nm 波段具有良好的一致性，而光谱参数在一定程度上可以消除不同传感器和不同尺度上的误差。对于冬小麦冠层的 SPAD 值、Anth 值、LAI 和 N 含量 4 种农学参数，估算模型所使用的光谱参数涉及的波段均在 UHD 影像的有效测量范围内，因此在建立基于 UHD 影像的各光谱参数的估算模型时可以直接使用前文中所得到的各农学参数对应的敏感光谱参数；对于冬小麦 P、K 含量，前面章节中所构建的对 P、K 含量敏感的光谱指数及 NDNI 所使用的波段超出了 UHD 影像的有效波段范围而无法使用。对各生育期 UHD 影像上提取的光谱参数与各项农学参数进行相关性分析，结果见表 10-2 和表 10-3 所示，可以看出各项农学参数与各个 UHD 光谱参数之间的相关性依然达到显著水平，可以用于构建基于 UHD 影像的冬小麦农学参数估算模型。

表 10-2 开花期冬小麦各项农学参数与 UHD 光谱参数相关系数

光谱参数	变量编号	SPAD 值	Anth 值	LAI	N	P	K
VOG1	x_1	0.712	−0.621	0.514	0.373	0.421	0.532
VOG2	x_2	−0.733	0.638	−0.753	−0.367	−0.452	−0.473
E_GNDVI	x_3	0.756	−0.713	0.635	0.421	0.461	0.512
$(S_{D_r}-S_{D_b})/(S_{D_r}+S_{D_b})$	x_4	0.812	−0.801	0.652	0.523	0.473	0.521
MRENDVI	x_5	0.793	−0.816	0.611	0.512	0.436	0.523
MTCI	x_6	0.612	−0.787	0.532	0.456	0.452	0.471
E_RVI	x_7	0.542	−0.525	0.783	0.519	0.472	0.525
DSI (776, 801)	x_8	0.612	−0.531	0.857	0.323	0.367	0.392
RSI (776, 801)	x_9	0.462	−0.441	0.831	0.324	0.401	0.385
NDSI (776, 801)	x_{10}	0.425	−0.382	0.802	0.253	0.332	0.312
VARI (Green)	x_{11}	0.632	−0.557	0.532	0.652	0.631	0.711
NDNI	x_{12}	0.316	−0.338	0.353	−0.723	−0.631	−0.651
NPCI	x_{13}	0.362	−0.264	0.339	−0.678	−0.625	−0.734

续表

光谱参数	变量编号	SPAD值	Anth值	LAI	N	P	K
$(R_g-R_r)/(R_g+R_r)$	x_{14}	0.526	−0.542	0.541	0.632	0.653	0.726
DSI（819，776）	x_{15}	0.433	−0.432	0.379	0.789	0.621	0.633

表 10-3　灌浆期冬小麦各项农学参数与 UHD 光谱参数相关系数

光谱参数	变量编号	SPAD值	Anth值	LAI	N	P	K
VOG1	x_1	0.733	−0.600	0.535	0.394	0.442	0.553
VOG2	x_2	−0.712	0.659	−0.732	−0.346	−0.431	−0.452
E_GNDVI	x_3	0.777	−0.732	0.656	0.442	0.482	0.533
$(S_{D_r}-S_{D_b})/(S_{D_r}+S_{D_b})$	x_4	0.833	−0.813	0.673	0.544	0.494	0.542
MRENDVI	x_5	0.814	−0.795	0.632	0.533	0.457	0.544
MTCI	x_6	0.633	−0.766	0.553	0.477	0.473	0.492
E_RVI	x_7	0.563	−0.504	0.804	0.540	0.493	0.546
DSI（776，801）	x_8	0.633	−0.510	0.878	0.344	0.388	0.413
RSI（776，801）	x_9	0.483	−0.420	0.852	0.345	0.422	0.406
NDSI（776，801）	x_{10}	0.446	−0.361	0.823	0.274	0.353	0.333
VARI（Green）	x_{11}	0.653	−0.536	0.553	0.673	0.652	0.732
NDNI	x_{12}	0.337	−0.317	0.374	−0.702	−0.610	−0.630
NPCI	x_{13}	0.383	−0.243	0.360	−0.657	−0.604	−0.713
$(R_g-R_r)/(R_g+R_r)$	x_{14}	0.547	−0.521	0.562	0.653	0.674	0.747
DSI（819，776）	x_{15}	0.454	−0.411	0.400	0.810	0.642	0.654

10.2.2　基于 UHD 影像光谱参数的冬小麦农学参数估算模型

使用 PLSR 构建基于 UHD 影像的各农学参数的估算模型。在每个小区选取 2 个样点数据，以对应位置的 UHD 光谱参数作为自变量，构建各生育期内基于 UHD 影像光谱参数的冬小麦农学参数估算模型，见表 10-4 和表 10-5 所示，各模型均取得了较高的建模精度（R^2 均高于 0.6）。

表 10-4　开花期冬小麦各农学参数 UHD 估算模型

农学参数	模型方程	R^2	RMSE
SPAD 值	$y = 35.872x_3 - 20.324x_4 + 48.237x_5 + 52.874$	0.822	1.835
Anth 值	$y = 0.003x_6 + 0.312x_3 - 0.546x_4 - 0.216x_5 + 0.536$	0.723	0.016
LAI	$y = 1.575x_2 - 0.432x_7 + 6.423x_8 - 1738.3x_9 + 3663.2x_{10} - 1652.2$	0.762	0.151
N	$y = -0.859x_{11} - 1.233x_{13} - 2.541x_{12} - 0.363x_{15} + 1.382$	0.626	0.191
P	$y = 0.077x_{11} - 0.0269x_{14} - 0.033x_{13} + 0.161$	0.611	0.025
K	$y = 3.252x_{11} - 3.323x_{14} - 0.442x_{13} + 1.746$	0.715	0.212

表 10-5　灌浆期冬小麦各农学参数 UHD 估算模型

农学参数	模型方程	R^2	RMSE
SPAD 值	$y = 51.675x_3 - 35.784x_4 + 39.756x_5 + 56.876$	0.835	1.983
Anth 值	$y = 1.234x_6 + 2.387x_3 - 1.374x_4 - 1.983x_5 + 0.641$	0.723	0.013
LAI	$y = -1.345x_2 + 0.452x_7 + 7.753x_8 - 1543.3x_9 + 3897.2x_{10} - 1873.2$	0.738	0.146
N	$y = 0.329x_{11} - 1.032x_{13} - 2.246x_{12} + 0.121x_{15} + 1.287$	0.631	0.213
P	$y = 0.124x_{11} + 0.342x_{14} - 0.153x_{13} + 0.355$	0.625	0.037
K	$y = 1.343x_{11} + 1.598x_{14} - 0.583x_{13} + 1.394$	0.703	0.198

10.3　基于 UHD 高光谱影像的冬小麦农学参数反演

在 ENVI 环境下，应用所建立的冬小麦各农学参数的估算模型，分别对开花期和灌浆期获得的两期高光谱影像进行逐像元解析计算，得到实验区冬小麦冠层 SPAD 值、Anth 值、LAI 及 N、P、K 含量分布专题图，结果如图 10-3 和图 10-4 所示。由此可得，冬小麦各项农学参数预测值范围和分布位置与实测情况一致。以开花期为例，在 ENVI 中对单个小区的各项农学参数进行统计，长势最差的 1 号小区内大部分区域（70% 以上的面积）的冬小麦冠层的 SPAD 值低于 30，Anth 值高于 0.1，LAI 为 0.5 ~ 0.8，N 含量低于 0.6%，P 含量低于 0.12%，K 含量低于 1.8%；长势较好的 8 号小区 50% 的面积冬小麦冠层 SPAD 值接近 50，Anth 值低于 0.1，LAI 高于 1.4，N 含量高于 0.85%，P 含量高于 0.2%，K 含量高于 2%。

1	3	5	7	9	11	13	15	17	19	小区
2	4	6	8	10	12	14	16	18	20	编号

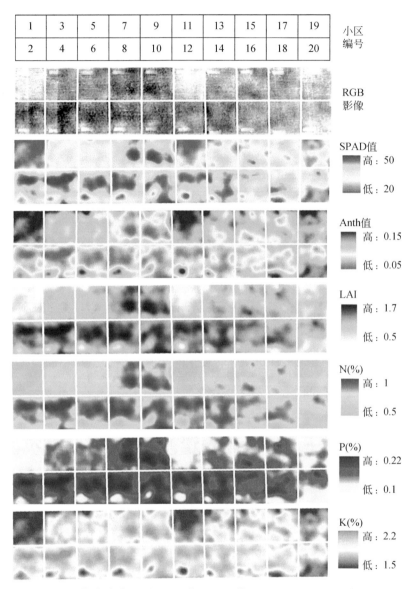

图 10-3　开花期冬小麦冠层 SPAD 值、Anth 值、LAI 及 N、P、K 含量分布图

　　为了进一步验证填图精度，在 ENVI 中提取各专题图中未参与建模的 40 个采样点区域的冬小麦冠层各项农学参数，与对应的实测参数值进行线性拟合分析，结果如图 10-5 和图 10-6 所示，各拟合方程的 R^2 在 0.6 以上，斜率接近 1，表明各专题图对冬小麦各项农学参数的预测具有较高的精度。冬小麦各项农学参数中，SPAD 值、Anth 值和 LAI 的估算精度较高，两期影像上预测值与实测值的决

定系数均达到 0.75 以上；N、P、K 含量的估算精度略低，绝对系数在 0.6 ~ 0.7 之间。这一结果与第 3 ~ 第 7 章分析和结论一致。

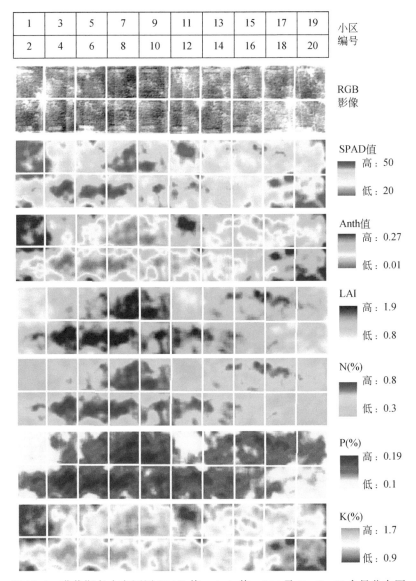

图 10-4　灌浆期冬小麦冠层 SPAD 值、Anth 值、LAI 及 N、P、K 含量分布图

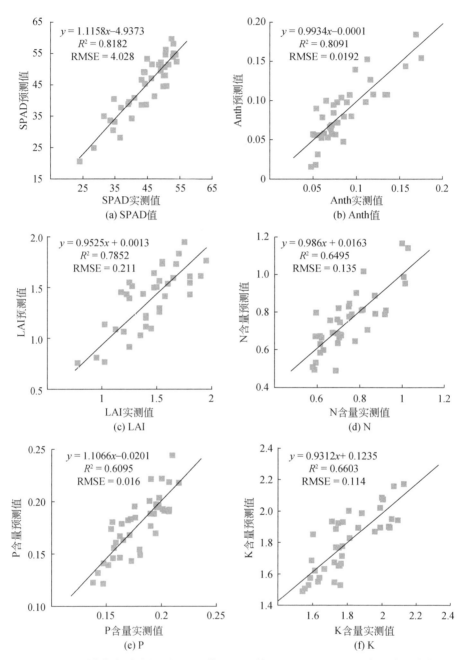

图 10-5　开花期冬小麦冠层 SPAD 值、Anth 值、LAI 及 N、P、K 含量填图检验

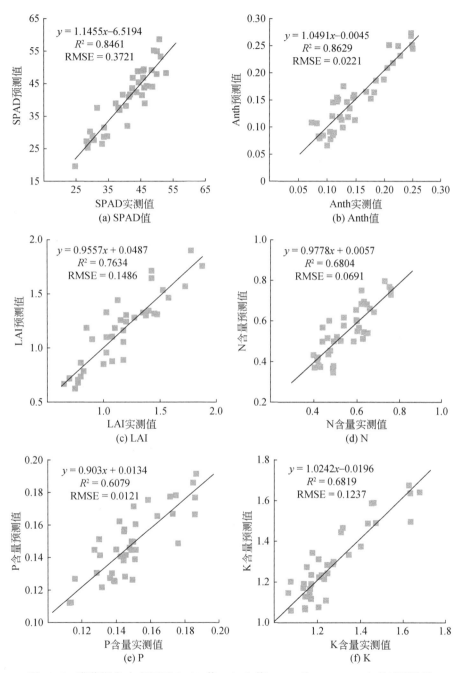

图 10-6　灌浆期冬小麦冠层 SPAD 值、Anth 值、LAI 及 N、P、K 含量填图检验

小区内部冬小麦冠层各项农学参数的差异在专题图上得到直观的体现。在两个生育期的 RGB 影像上，由于生物量采样，使得各小区外边界附近均存在一处长方形裸地，在各专题图上，这一区域内 SPAD 值、LAI、N、P、K 含量的值均为最低。高光谱影像的分辨率（44cm）与全色影像空间分辨率（2.2cm）不同，而各专题图均是由高光谱影像解算所得，因而这一现象在 RGB 图像上的视觉体现得更为直观和清晰；但在各专题图上，这一差异能够得到定量化的表达，在农作物长势监测和诊断上有着重要的实际意义。

10.4   结   论

本章应用低空无人机平台获得的冬小麦高光谱影像，对开花期、灌浆期冬小麦长势进行监测分析，得到以下主要结果。

1）对从 UHD 高光谱影像上提取的光谱数据与对应地面点 SVC 光谱数据进行比较分析，结果表明两种仪器在 450～850nm 波段具有高度的一致性，从光谱反射率提取的绿峰、红谷、红边等特征光谱信息没有显著差异；在 850～1000nm 波段 UHD 影像光谱噪声急剧增大，信噪比降低。UHD 高光谱影像上地物光谱信息在 450～850nm 波段是准确可靠的。

2）从 UHD 影像上提取各样点位置上的光谱参数，使用 PLSR 建立基于 UHD 影像光谱参数的冬小麦各农学参数估算模型，并使用模型对 UHD 高光谱影像进行解算，得到开花期和灌浆期冬小麦冠层 SPAD 值、Anth 值、LAI 及 N、P、K 含量的分布专题图。分析和检验结果表明，各类农学参数的预测值及分布位置与实测情况一致，具有较高的精度，可以为实际农业生产提供参考信息。

第 11 章   GF-1 号卫星影像冬小麦叶片 SPAD 遥感反演

植物在进行光合作用时，通过叶绿素将光能转变为植物内部的化学能，成为植物有机体的物质和能量基础。叶绿素是作物叶片氮含量的指示剂，与农作物的终极产量和品质密切相关，农作物叶绿素含量的遥感研究对精细农业的发展具有重要意义（Fitzgerald et al. , 2010, Peng and Gitelson, 2011）。作物叶绿素的遥感监测主要从叶片尺度、冠层尺度和像元尺度出发，基于便携式光谱仪、机载高光谱成像光谱仪、星载高光谱仪和高空间分辨率遥感卫星，采用物理模型耦合、逐步回归分析、主成分分析、神经网络分析、支持向量机等方法进行遥感特征光谱反射率（反射率倒数、反射率导数）、光谱指数和叶绿素含量及 SPAD 值之间的关系研究（Yoder and Pettigrew- Crosby, 1995；Daughtry et al. , 2000；Houborg et al. ,2015；Broge and Mortensen, 2002, Durbha et al. , 2007）。高光谱影像可以同时获取几百个窄光谱波段，具有大尺度精确估算作物叶绿素含量的潜力（Croft et al. , 2013, Haboudane et al. , 2002）。目前，大区域范围的高光谱影像不易获取，中低分辨率的遥感数据仍然是区域或全球尺度上反演植被理化参数的重要数据源。本章综合分析冬小麦不同生育期冠层光谱指数与叶片 SPAD 值的相关关系，构建和验证该地区冬小麦叶片 SPAD 反演的遥感监测模型，利用 GF-1 号国产卫星为大区域尺度冬小麦叶片 SPAD 遥感估算提供科学依据和方法。

11.1   材料与方法

11.1.1   冠层光谱和 SPAD 采集

冠层光谱的测定采用美国 SVC HR-1024I 型野外光谱辐射仪，光谱探测范围为 350~2500nm 波段，其中 350~1000nm 波段光谱分辨率为 3.5nm，1000~1850nm 波段光谱分辨率为 9.5nm，1850~2500nm 波段光谱分辨率为 6.5nm。选择晴朗无风的天气，在 10：30~14：00 进行光谱测定。观测时传感器垂直向下，距离冠层 130cm，视场角为 25°，设置视场范围内采样重复 10 次，以其平均值作为该观测样点的光谱反射率。每一个样区分别采集 3~5 个样点，以样点光谱数据的平均值作为该样区的冠层光谱反射数据，测量时同步采集样点经纬度坐标信息，标准白板每隔 15min 校正一次。在光谱测定后，采用 SPAD-502 手持式叶绿素仪同步测定小麦叶片叶绿素。在测量冠层光谱的区域随机选取冬小麦植株，对完全展开叶的不同部位进行测量，每个样点记录 15 个 SPAD 值，样区叶绿素值为 3 个样点（45 个 SPAD 值）的平均。按生育期分别抽取其中 80% 作为建模样本，剩余 20% 作为检验样本。

11.1.2 遥感数据预处理

GF-1 号卫星多光谱数据空间分辨率为 8m，所包含的波段分别为蓝波段（450~520nm）、绿波段（520~590nm）、红波段（630~690nm）和近红外波段（770~890nm）。光谱仪实测光谱数据与多光谱相机谱宽不同，根据 GF-1 号卫星多光谱相机传感器的 4 个波段响应函数对光谱仪实测反射率数据进行重采样［式（11-1）］（Trigg and Flasse，2000），获取与 GF-1 号卫星多光谱波段相对应的模拟光谱反射率。

$$R = \frac{\sum_{i=1}^{n} S(\lambda_i) R(\lambda_i) \Delta\lambda}{\sum_{i=1}^{n} S(\lambda_i) \Delta\lambda} \tag{11-1}$$

式中，R 为宽波段卫星的模拟反射率；n 为光谱响应函数的宽波段内响应点数；$S(\lambda_i)$ 为卫星传感器第 i 个响应点的光谱响应函数值；$R(\lambda_i)$ 为光谱仪测定的第 i 个响应点的小麦冠层光谱反射率；$\Delta\lambda$ 为光谱响应点间的波段步长。

在 ENVI5.0 下，对 GF-1 号卫星影像数据进行辐射定标、大气校正和正射校正，大气校正采用 FLAASH 大气校正模块来处理，利用影像 RPC 参数和研究区 DEM 对图像进行正射纠正。

11.1.3 植被指数选择

植被指数通过不同波段反射率的线性或非线性组合变化，削弱了背景信息对植被光谱特征的干扰，有助于提高遥感数据表达叶绿素含量的精度（王晓星等，2016；李粉玲等，2015）。基于模拟卫星波段的光谱反射率数据，提取了 18 种对叶绿素含量敏感的宽波段植被指数来构建冬小麦叶片 SPAD 值估算模型（表 11-1）。

表 11-1　遥感植被指数及其计算

编号	植被指数	计算公式
1	大气阻抗植被指数（ARVI）	$ARVI=\left[R_{nir}-\left(2R_r-R_b\right)\right]/\left[R_{nir}+\left(2R_r-R_b\right)\right]$
2	差值植被指数（DVI）	$DVI=R_{nir}-R_r$
3	增强植被指数（EVI）	$EVI=2.5\left(R_{nir}-R_r\right)/\left(R_{nir}+6R_r-7.5R_b+1\right)$
4	绿色归一化植被指数（GNDVI）	$GNDVI=\left(R_{nir}-R_g\right)/\left(R_{nir}+R_g\right)$
5	绿色比值植被指数（GRVI）	$GRVI=\left(R_{nir}/R_g\right)-1$
6	归一化植被指数（NDVI）	$NDVI=\left(R_{nir}-R_r\right)/\left(R_{nir}+R_r\right)$
7	标准叶绿素指数（NPCI）	$NPCI=\left(R_r-R_b\right)/\left(R_r+R_b\right)$
8	作物氮反应指数（NRI）	$NRI=\left(R_g-R_r\right)/\left(R_g+R_r\right)$
9	土壤调节植被指数（OSAVI）	$OSAVI=1.16\left(R_{nir}-R_r\right)/\left(0.16+R_{nir}+R_r\right)$
10	光谱结构不敏感色素指数（PSIR）	$PSIR=\left(R_r-R_b\right)/R_{nir}$
11	比值植被指数（RVI）	$RVI=R_{nir}/R_r$
12	冠层结构不敏感植被指数（SIPI）	$SIPI=\left(R_{nir}-R_b\right)/\left(R_{nir}+R_b\right)$
13	三角植被指数（TVI）	$TVI=0.5\left[120\left(R_{nir}-R_g\right)-200\left(R_r-R_g\right)\right]$
14	可见光大气阻抗植被指数（VARI）	$VARI=\left(R_g-R_r\right)/\left(R_g+R_r\right)$
15	三角绿度指数（TGI）	$TGI=-0.5\left[\left(\lambda_r-\lambda_b\right)\left(R_r-R_g\right)-\left(\lambda_r-\lambda_g\right)\left(R_r-R_b\right)\right]$
16	宽范围动态植被指数（WDRVI）	$WDRVI=\left(0.2R_{nir}-R_r\right)/\left(0.2R_{nir}+R_r\right)$
17	转化叶绿素吸收反射指数（TCARI）	$TCARI=3\left[\left(R_{nir}-R_r\right)-0.2\left(R_{nir}-R_g\right)\left(R_{nir}/R_r\right)\right]$
18	综合指数（TCARI/OSAVI）	$TCARI/OSAVI$

注：λ_r、λ_g、λ_b 是对应 GF-1 号卫星的蓝、绿和红波段的中心波长（503nm，576nm 和 680nm）；R_{nir}、R_r、R_g 和 R_b 分别为近红外、红、绿和蓝波段的光谱反射率。

11.1.4　数据分析方法

本书在 R 软件下，基于一元线性回归、多元逐步回归和随机森林回归算法构建植被指数与 SPAD 值之间的估算模型。其中分类树的数量（k）和分割节点的随机变量数（m）是随机森林回归模型非常重要的两个参数。经反复试验，根据随机森林回归的预测误差及其 95% 的置信区间确定本书中分类树的数量为 100，分割变量为 3。

11.2　SPAD 值与植被指数的相关性分析

由表 11-2 实测的不同生育期冬小麦叶片 SPAD 值与遥感植被指数的相关性分

析结果可知，除 TCARI 和综合指数以外，返青期冬小麦 SPAD 值和其余 16 个植被指数在 0.01 水平均呈显著相关。相关系数绝对值在 0.6 以上的顺序为 R_{TGI} > R_{SIPI} > R_{PSIR} > 0.6；拔节期小麦 SPAD 值与 13 个植被指数在 0.01 水平显著相关，其中 R_{SIPI} > R_{NDVI} > R_{ARVI} > R_{PSIR} > R_{TGI} > R_{GNDVI} > R_{WDRVI} > R_{NRI} > R_{VARI} > R_{GRVI} > 0.6；孕穗期只有 TGI、GRVI 和 GNDVI 3 个植被指数与小麦 SPAD 值在 0.01 水平呈显著相关，相关系数绝对值均高于 0.55；灌浆期小麦叶片 SPAD 值与 11 个植被指数在 0.01 水平呈显著相关，其中 R_{GNDVI} > R_{GRVI} > R_{NDVI} > R_{WDRVI} > R_{ARVI} > 0.6。成熟期的小麦叶片已经衰老枯萎，叶绿素含量很低，和所有植被指数的相关性都不显著，因此不再对成熟期叶片 SPAD 值作分析。将除成熟期外所有生育期的模拟光谱数据和 SPAD 数据分别汇总，进行全生育期植被指数和叶片 SPAD 值的相关分析，结果发现 GNDVI、GRVI、RVI、TGI、TCARI、综合指数和 SPAD 值在 0.01 水平呈显著相关关系。所有植被指数中，GNDVI、GRVI 和 TGI 指数与各生育期以及全生育期叶片 SPAD 值都在 0.01 水平上显著相关。

表 11-2　叶片 SPAD 值与遥感植被指数之间的相关性分析

编号	植被指数	生育期					全生育期
		返青期	拔节期	孕穗期	灌浆期	成熟期	
1	ARVI	-0.587**	0.783**	0.446*	0.602**	0.002	0.133
2	DVI	-0.550**	0.24	-0.401	0.241	0.188	0.111
3	EVI	-0.553**	0.328	-0.348	0.296	0.130	0.125
4	GNDVI	-0.512**	0.776**	0.587**	0.745**	0.040	0.271**
5	GRVI	-0.424**	0.616**	0.635**	0.703**	0.080	0.413**
6	NDVI	-0.589**	0.787**	0.449*	0.612**	0.001	0.129
7	NPCI	0.580**	-0.585**	-0.428*	-0.333*	0.140	-0.168
8	NRI	-0.580**	0.657**	0.111	0.037	-0.067	0.079
9	OSAVI	-0.578**	0.507**	-0.200	0.428**	0.077	0.127
10	PSIR	0.646**	-0.782**	-0.430*	-0.578**	0.035	-0.051
11	RVI	-0.419**	0.562**	0.420	0.490**	0.049	0.322**
12	SIPI	0.662**	-0.788**	-0.425*	-0.576**	0.078	0.004
13	TVI	-0.564**	0.23	-0.407	0.224	0.135	0.093
14	VARI	-0.569**	0.633**	0.160	0.055	-0.059	0.095
15	TGI	-0.742**	-0.780**	-0.740**	-0.559**	0.006	-0.483**

续表

编号	植被指数	生育期					全生育期
		返青期	拔节期	孕穗期	灌浆期	成熟期	
16	WDRVI	-0.527**	0.762**	0.458*	0.603**	0.027	0.218*
17	TCARI	0.318*	-0.358	0.042	-0.350*	0.106	-0.277**
18	综合指数	0.378*	-0.417*	-0.087	-0.415**	0.067	-0.293**

＊＊在 0.01 水平（双侧）上显著相关；＊在 0.05 水平（双侧）上显著相关。

11.3　冬小麦叶片 SPAD 反演模型构建

①以冬小麦每个生育期叶片 SPAD 值为因变量，选择在 0.01 水平下与 SPAD 值显著相关且相关系数最高的植被指数作为自变量，构建 4 个生育期和全生育期的一元线性回归模型（SPAD-LR）。②为消除量纲影响，将每个生育期的 SPAD 值和植被指数分别标准化到 [0，1]，以叶片 SPAD 值为因变量，以 0.01 水平下与 SPAD 值显著相关的所有植被指数为自变量，采用多元逐步回归算法构建各生育期和全生育期的 SPAD 值遥感估算模型，记为 SPAD-MSR$_1$。③选取对各生育期都显著相关的 GNDVI、GRVI 和 TGI 植被指数，采用多元逐步线性回归算法和随机森林回归算法分别构建各生育期的 SPAD-MSR$_2$ 与 SPAD-RFR 遥感估算模型。冬小麦不同生育期 SPAD 值与植被指数的一元线性回归模型和多元逐步回归模型见表 11-3，回归决定系数 R^2 反映了回归方程的拟合精度。

表 11-3　冬小麦各生育期 SPAD 回归预测模型

生育期	模型	模型表达式	R^2
返青期	SPAD-LR	SPAD $=-4589.7 \cdot$ TGI $+ 53.86$	0.55
	SPAD-MSR$_1$	SPAD $=-0.959 \cdot$ TGI $+ 0.5 \cdot$ DVI $+ 0.878$	0.63
	SPAD-MSR$_2$	SPAD $=-0.755 \cdot$ TGI $+ 0.277 \cdot$ GRVI $+ 0.892$	0.616
拔节期	SPAD-LR	SPAD $=-228.71 \cdot$ SIPI $+ 285.23$	0.62
	SPAD-MSR$_1$	SPAD $= 49.376 \cdot$ SIPI $+ 2.336 \cdot$ NPCI$-33.571 \cdot$ PSIR$-0.864 \cdot$ NRI $+ 1.448$	0.93
	SPAD-MSR$_2$	SPAD $=-0.835 \cdot$ TGI $+ 1.588 \cdot$ GNDVI$-1.064 \cdot$ GRVI $+ 0.415$	0.83
孕穗期	SPAD-LR	SPAD $=-5988.4 \cdot$ TGI $+ 56.153$	0.55
	SPAD-MSR$_1$	SPAD $=-0.816 \cdot$ TGI $+ 0.553 \cdot$ GNDVI $+ 0.38$	0.66
	SPAD-MSR$_2$	SPAD $=-0.816 \cdot$ TGI $+ 0.553 \cdot$ GNDVI $+ 0.38$	0.66

续表

生育期	模型	模型表达式	R^2
灌浆期	SPAD-LR	SPAD = 74. 985 · GNDVI + 8. 68	0. 56
	SPAD-MSR$_1$	SPAD = 4. 522 · GNDVI−3. 825 · WDRVI−1. 053 · NPCI + 0. 995	0. 798
	SPAD-MSR$_2$	SPAD = 1. 868 · GNDVI−0. 641 · TGI−1. 012 · GRVI + 0. 394	0. 67
全生育期	SPAD-LR	SPAD =−5460. 8 · TGI + 57. 566	0. 23
	SPAD-MSR$_1$	SPAD =−0. 85 · TGI−7. 57 · TCARI + 5. 03 · TCARI/OSAVI −2. 42 · RVI+3. 4	0. 438
	SPAD-MSR$_2$	SPAD =−0. 472 · TGI + 0. 256 · GNDVI + 0. 701	0. 318

　　所有模型的回归显著性概率值均小于 0. 01，表明拟合的回归模型方程都达到极显著水平，所有进入回归方程的植被指数均包含了可用于估测 SPAD 值的显著信息。总体上，在各生育期及全生育期，基于 SPAD-LR 的决定系数 R^2 最低，基于 0. 01 显著相关水平下的 SPAD-MSR$_1$ 拟合精度较高，基于 TGI、GNDVI 和 GRVI 的 SPAD-MSR$_2$ 的 R^2 接近或略低于 SPAD-MSR$_1$，拔节期冬小麦叶片 SPAD 值回归模型精度要高于其他生育期。

11.4　冬小麦 SPAD 估算模型检验

　　利用检验样本对基于不同输入变量的模型精度进行检验，本书采用决定系数 R^2、均方根误差 RMSE、相对误差 REP 及回归方程斜率 4 个指标检验各生育期不同算法模型的学习能力和预测能力，通常决定系数 R^2 和回归方程斜率绝对值越接近 1，RMSE 值和 REP 值越小，说明预测模型精度越高，各预测模型检验结果见表 11-4。

表 11-4　SPAD 值估算模型精度检验

生育期	模型	R^2	RMSE	REP（%）	斜率
返青期	SPAD-LR	0. 53	2. 71	0. 9	1. 09
	SPAD-MSR$_1$	0. 65	2. 25	0. 5	1. 18
	SPAD-MSR$_2$	0. 68	1. 87	0. 8	1. 04
	SPAD-RFR	0. 81	1. 4	0. 7	1. 07
拔节期	SPAD-LR	0. 54	4. 2	3. 1	0. 82
	SPAD-MSR$_1$	0. 79	2	0. 34	1. 18
	SPAD-MSR$_2$	0. 71	2. 7	0. 53	1. 82
	SPAD-RFR	0. 84	1. 93	1. 27	1. 32

续表

生育期	模型	R^2	RMSE	REP（%）	斜率
孕穗期	SPAD-LR	0.53	1.9	0.6	1.21
	SPAD-MSR$_1$	0.78	1.63	-1.78	0.88
	SPAD-MSR$_2$	0.78	1.63	-1.78	0.88
	SPAD-RFR	0.81	4.2	9.3	1.37
灌浆期	SPAD-LR	0.49	12	26	1.95
	SPAD-MSR$_1$	0.67	1.81	1.16	0.88
	SPAD-MSR$_2$	0.53	2.12	0.4	0.86
	SPAD-RFR	0.82	1.37	0.8	0.88
全生育期	SPAD-LR	0.17	3.2	2.7	0.18
	SPAD-MSR$_1$	0.4	8.5	31.5	0.2
	SPAD-MSR$_2$	0.44	4.76	6.86	1.3
	SPAD-RFR	0.66	2.5	4.4	1.02

在返青期，SPAD-MSR$_2$估算模型的精度略优于 SPAD-MSR$_1$，SPAD-RFR 的精度检验结果最优，由其模型得到的叶片 SPAD 估算值与实测值之间的决定系数 R^2 值最大，RMSE 误差最小，分别为 0.81 和 1.4；拔节期 SPAD-RFR 依然表现突出，SPAD-MSR$_1$ 各项检验指标精度优于 SPAD-MSR$_2$；孕穗期 SPAD-RFR 的 RMSE、REP 和回归方程斜率偏差相对较大；灌浆期，SPAD-RFR、SPAD-MSR$_1$ 和 SPAD-MSR$_2$ 的反演精度较为接近；在全生育期模型中，SPAD-RFR 表现最佳，比其他模型具有一定的优势，决定系数为 0.66，RMSE 为 2.5，实测值与预测值回归方程的斜率为 1.02，REP 为 4.4%。SPAD-RFR 在建模过程中会利用袋外数据建立误差无偏估计，结果同样发现拔节期模型变量对 SPAD 值的解释率最高，为 80.23%，全生育期模型解释变异百分率最低，仅为 36.12%。返青期各模型和不同生育期 SPAD-RFR 得到的冬小麦叶片 SPAD 实测值与估算值之间的关系拟合分布如图 11-1 所示。图 11-1 中黑色虚线表示 1:1 线，反映了估算值与实测值的接近程度，预测值与实测值分布越接近 1:1 线说明模型预测精度越高。本书中返青期各模型均不同程度高估了实际 SPAD 值，各生育期基于 SPAD-RFR 的估算结果均表现良好，所得到估算值与实测值之间的分布比较理想，全生育期的 SPAD-RFR 通用模型验证结果远离 1:1 线，预测效果较差。

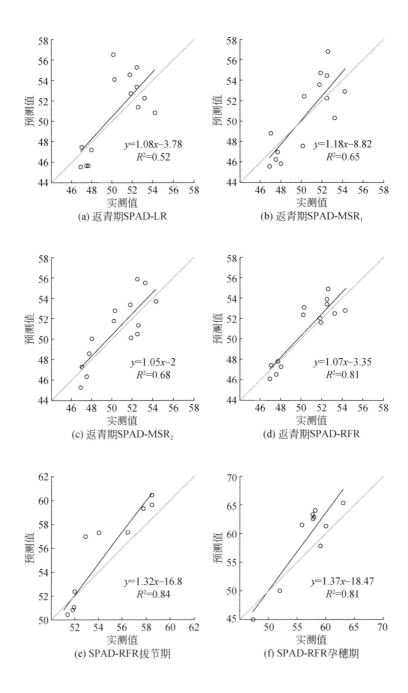

(a) 返青期SPAD-LR

(b) 返青期SPAD-MSR$_1$

(c) 返青期SPAD-MSR$_2$

(d) 返青期SPAD-RFR

(e) SPAD-RFR拔节期

(f) SPAD-RFR孕穗期

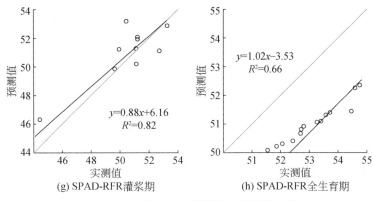

(g) SPAD-RFR灌浆期   (h) SPAD-RFR全生育期

图 11-1　叶片 SPAD 预测值与实测值分布

11.5　GF-1 号卫星影像数据区域冬小麦 SPAD 反演

　　基于面向对象和支持向量机分类算法对冬小麦返青期 GF-1 号高分辨率卫星影像数据（成像日期为 2014 年 3 月 10 日）进行图像分类识别，提取研究区冬小麦的覆盖区域。图 11-2 为利用不同监测模型制作的研究区冬小麦返青期叶片 SPAD 遥感监测专题图。以同步采集的地面实测数据进行精度检验：将地面实测值与叶绿素含量分布图上同名点的反演值进行回归拟合。结果表明，基于 4 个估算模型的返青期冬小麦叶片 SPAD 值空间分布格局基本一致，研究区冬小麦叶片 SPAD 值从西向东逐渐递增。SPAD-LR 严重高估了返青期冬小麦的 SPAD 值，SPAD-MSR$_1$和 SPAD-MSR$_2$预测值较实测值略微偏高（平均值分别偏高 1 和 2 个数值）。基于 SPAD-RFR 的研究区冬小麦返青期叶片 SPAD 最大值为 53，最小值为 42，平均值为 45，与地表实际状况最为接近。SPAD-RFR 估算值与实测数据的拟合方程决定系数 R^2 为 0.76，RMSE 为 1.4，说明以地物高光谱模拟卫星光谱反射率所建立的 SPAD-RFR 反演模型具有较高的精度，可应用于多光谱遥感分析过程。

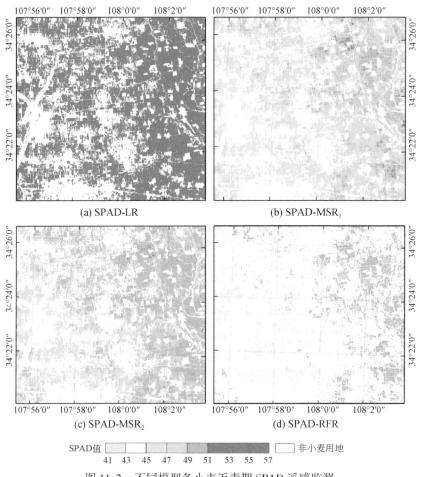

图 11-2　不同模型冬小麦返青期 SPAD 遥感监测

11.6　结　　论

本章研究以陕西关中地区冬小麦不同生育期冠层高光谱反射率为基础数据源，模拟国产高分辨率卫星 GF-1 号的光谱反射率，提取了 18 种对叶绿素反演敏感的宽波段植被指数，构建了基于植被指数的冬小麦叶片 SPAD 遥感监测模型，应用返青期 GF-1 号卫星影像数据对研究区的冬小麦叶片 SPAD 进行了反演估测。结果如下。

1）返青期、孕穗期和全生育期，SPAD 值均与 TGI 相关性最高，相关系数分别为 -0.742、-0.740 和 -0.483。拔节期和灌浆期 SPAD 值分别与 SIPI 和

GNDVI 相关性最高，相关系数分别为-0.788 和 0.745。GNDVI、GRVI 和 TGI 在各个生育期都和冬小麦叶片 SPAD 含量在 0.01 水平下呈显著相关。

2）分别以 TGI、SIPI 和 GNDVI 三类植被指数构建冬小麦叶片 SPAD 回归反演模型，精度较高，可以满足区域监测需要，其中基于随机森林回归算法的反演模型效果最优，各类模型均在冬小麦拔节期的预测效果最佳。全生育期通用模型的探索发现，随机森林回归模型相对模拟精度较高，但低于不同生育期随机森林回归模型分别模拟的精度。

3）以 GF-1 号卫星影像数据为数据源的 SPAD-RFR 对研究区冬小麦叶片 SPAD 的反演结果精度最高，可用于大面积地块尺度的冬小麦叶片 SPAD 遥感监测。

第12章 | 多光谱卫星影像冬小麦叶片氮含量估算

　　基于遥感图像的作物生理生化指标反演获取技术是多平台遥感精准农业信息获取的重点（赵春江，2009）。利用航空、航天成像高光谱影像及航天多光谱卫星影像的区域尺度大范围作物信息提取和生理生化参量的遥感监测与反演是当前农业遥感的研究热点。大区域范围的高光谱影像不易获取，中低分辨率的多光谱卫星遥感数据获取成本较低，是区域或全球尺度上反演植被理化参数的重要数据源，MODIS、Landsat、HJ-1、ASTER、QuickBird 等卫星数据在冬小麦生理生化参量的估算中得到了广泛应用（李粉玲等，2016a，b；申健等，2017）。多光谱卫星通道数目有限，混合光谱现象普遍，反射率线性或非线性组合构建光谱指数不仅能有效削弱环境背景和冠层结构对作物光谱特征的干扰，同时能提高作物生理生化参量的监测灵敏度。因此，基于光谱指数和作物生理生化参量的相关关系构建回归模型是卫星尺度作物生理生化参数估算的有效途径（Gupta et al.，2001；Fitzgerald et al.，2010；Sakamoto et al.，2012）。

　　氮素营养是作物需求量最大的营养元素，基于卫星遥感信息的冬小麦氮素营养状况监测认为，SPOT 5、Landsat TM、HJ-1A/1B 等中高空间分辨率数据在作物氮素含量的遥感监测中具有较好的适用性（王备战等，2012；Schlemmer et al.，2013）。但对于选用何种光谱波段和光谱指数能更有效、可靠地监测小麦氮素营养仍存在争论。近年来，我国遥感事业得到迅猛发展，通过自主研发初步形成了环境减灾卫星系列、高分卫星系列和资源卫星系列的遥感监测网络体系，探讨我国自行研制的高空间分辨率卫星数据在农情遥感监测中的应用能力意义重大（李粉玲等，2015）。本章利用冬小麦冠层高光谱信息，模拟国产高空间分辨率 GF-1 号卫星波段的光谱反射，分析小麦叶片氮素含量（LNC）指标与模拟卫星波段光谱及光谱指数的定量关系，探讨 GF-1 号卫星数据在冬小麦冠层叶片氮含量监测中的适用性，同时和其他分辨率相近的卫星数据进行对比，为区域性小麦氮素营养监测提供理论依据和技术支持。

12.1　模拟 GF-1 多光谱卫星反射率的叶片氮含量估算

12.1.1　模拟 GF-1 多光谱卫星光谱反射率

数据源为 2013～2014 年西北农林科技大学实验农场试验区的冬小麦田间试验数据，2012～2014 年在陕西省杨陵区揉谷镇、扶风县召公镇巨良农场和扶风县杏林镇马席村开展的冬小麦长势大田观测试验数据（共布置大田样区 39 个），包括冬小麦实测冠层高光谱数据和相应叶片全氮含量。在冬小麦的返青期、拔节期、孕穗期和灌浆期共获得 204 个样本数据，其中有效光谱和叶片全氮数据样本 192 个。将全氮数值由小到大进行排序，按照 4∶1 的比例抽取训练集（154 样本）和验证集（38 样本）。冠层光谱测定采用美国 SVC HR-1024I 型野外光谱辐射仪，它在 350～1000nm 波段的光谱分辨率为 3.5nm，采样间隔为 1.5nm。文中将地面实测高光谱数据重采样为 1nm，根据多光谱卫星传感器的光谱响应函数，利用式（11-1）模拟 GF-1 号多光谱卫星蓝、绿、红和近红外波段的光谱反射率。

对比返青期 18 个大田样区的模拟光谱反射率与对应 GF-1 号卫星的观测光谱反射率（图 12-1），结果表明模拟 GF-1 号卫星的蓝、绿、红和近红外宽波段光谱反射率和实际卫星光谱反射率显著相关，相关系数在 0.95 以上，两者具有一致性（李粉玲等，2016a）。

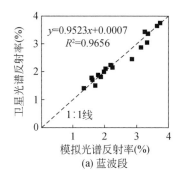

(a) 蓝波段

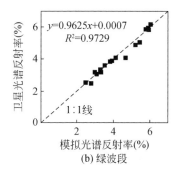

(b) 绿波段

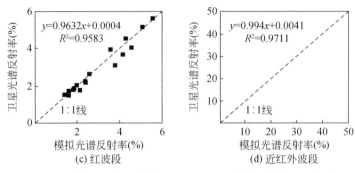

图 12-1　模拟光谱反射率与卫星的观测光谱反射率空间分布

12.1.2　光谱指数筛选

基于 192 个模拟光谱数据构建多种宽波段光谱指数，选择和叶片氮含量在 0.01 水平显著相关，且相关系数高于 0.6 的光谱指数用于叶片氮含量估算（表 12-1）。以训练集样本观测数据为依据，建立基于光谱指数的小麦叶片氮含量遥感估算模型，并对模型进行敏感性分析。应用验证集样本观测数据对估算模型进行精度检验，通过综合评定确定最优的冬小麦叶片氮含量估算模型，并基于最优模型进行返青期冬小麦叶片氮含量遥感反演制图。光谱指数的计算及光谱指数与叶片氮含量的相关分析和建模均在 MATLAB 语言环境下编程实现。

表 12-1　遥感光谱指数及其计算公式

光谱指数	计算公式
归一化植被指数（NDVI）	$(R_{nir}-R_r)/(R_{nir}+R_r)$
比值植被指数（RVI）	R_{nir}/R_r
可见光大气阻抗指数（VARI）	$(R_g-R_r)/(R_g+R_r-R_b)$
土壤调节植被指数（MSAVI2）	$0.5[(2R_{nir}+1)-[(2R_{nir}+1)^2-8(R_{nir}-R_r)]^{1/2}]$
绿色比值植被指数（GRVI）	$(R_{nir}/R_g)-1$
标准叶绿素指数（NPCI）	$(R_r-R_b)/(R_r+R_b)$
作物氮反应指数（NRI）	$(R_g-R_r)/(R_g+R_r)$
综合指数（TCARI/OSAVI）	$3[(R_{nir}-R_r)-0.2(R_{nir}-R_g)(R_{nir}/R_r)]/[1.16(R_{nir}-R_r)/$ $(0.16+R_{nir}+R_r)]$

注：R_{nir}、R_r、R_g 和 R_b 分别为近红外、红、绿和蓝波段的光谱反射率。

所筛选的光谱指数可以分为两类：两波段指数，即通过红、绿、蓝和近红外中的任意两个波段构建的光谱指数；三波段指数，如 VARI 和 TCARI/OSAVI 指数。基于 192 个样本光谱，在对应光谱范围内构建任意两波段指数，两波段指数和叶片氮含量线性回归的决定系数 R^2 分布如图 12-2 所示。

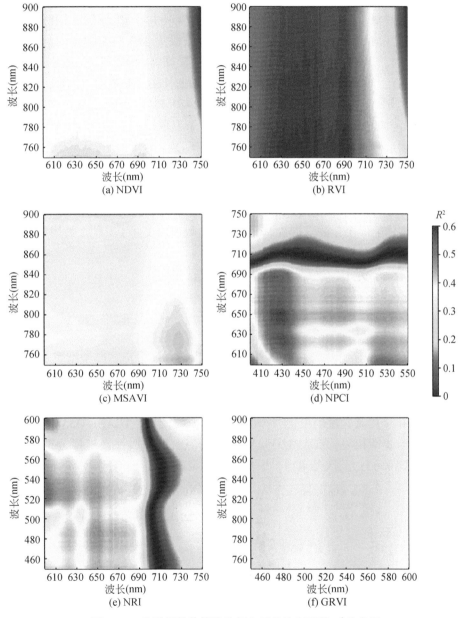

图 12-2　光谱指数估算叶片氮含量的决定系数 R^2 分布图

当 GF-1 号卫星的探测波段和图 12-2 中与叶片氮含量相关性较好的波长区间相一致时，认为这些光谱指数对 GF-1 号卫星数据监测叶片氮含量是有效的。NDVI、RVI 和 MSAVI 是由近红外和红波段构建的光谱指数，其中 RVI 和叶片氮含量的相关系数最高。当红波段选取 610~690nm、近红外波段选取 750~900nm 时，RVI 与叶片氮含量的决定系数在 0.45 以上，GF-1 号卫星红波段和近红外波段的光谱范围正好包含了此波段区间。当蓝光波段为 410~450nm，红光波段为 600~690nm 时，NPCI 与叶片氮含量的 R^2 相对较高，而 GF-1 号卫星蓝光波段（450~520nm）、红光波段（600~690nm）的波长不在 NPCI 对叶片氮含量响应最佳的波长范围内，其 R^2 有所下降，取值为 0.3~0.4。GF-1 号卫星波段范围内的 NRI 与叶片氮含量的相关性优于 GRVI 指数。由于卫星平台上获取作物冠层光谱反射率的影响因素众多，考虑卫星传感器光谱响应函数，获取的卫星宽波段模拟光谱反射率所构建的 8 类光谱指数与叶片氮含量的 Pearson 相关系数较低，TCARI/OSAVI 为 −0.778、RVI 为 0.759、NPCI 为 −0.641、VARI 为 0.632、MSAVI 为 0.626、GRVI 为 0.611、NRI 为 0.613、NDVI 为 0.608，其中 3 波段指数和叶片氮含量的相关性整体上优于 2 波段指数，RVI 光谱指数表现要优于其他 2 波段指数。

12.1.3 基于光谱指数的叶片氮含量估算

12.1.3.1 叶片氮含量估算模型构建

154 个训练样本的光谱指数和叶片氮含量的空间分布及其模拟结果如图 12-3 所示。模型选择基于 R^2 最大原则，所建立的各模型均通过 0.01 水平的显著性检验。其中，NDVI 和叶片氮含量表现出显著的指数关系，VARI、MSAVI、GRVI、NPCI、NRI 和叶片氮含量的最优模型为二次多项式模型，TCARI/OSAVI、RVI 和叶片氮含量为线性相关。TCARI/OSAVI 与叶片氮含量的线性模型拟合精度最高，决定系数达到 0.63；其次是 RVI，模拟方程决定系数为 0.60。

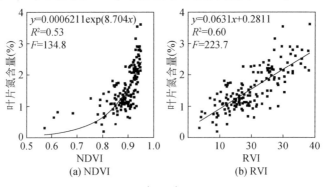

(a) NDVI (b) RVI

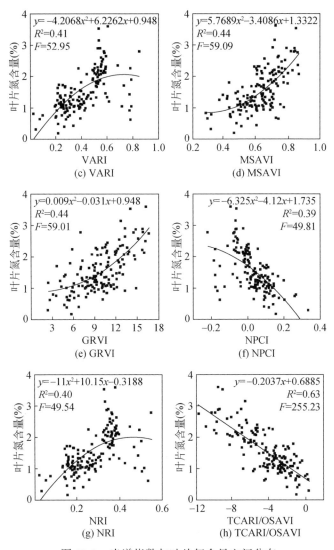

图 12-3　光谱指数与叶片氮含量空间分布

12.1.3.2　估算模型的敏感性分析

决定系数反映了估算模型对因变量的解释程度，是模型精度评价的重要参数。当拟合模型呈非线性时，由于光谱指数对叶片氮含量的敏感度不再是常数，此时决定系数就存在一定的误导性（Gitelson，2013），需要对所建模型的敏感性进行分析。模型的敏感性通常需要考虑 3 个因素（Wu et al.，2007）：①光谱指数应具有抗干扰的能力，具备稳定性；②光谱指数对叶片氮含量的变化敏感；③光谱指数应具备较宽的动态响应范围。鉴于此，本文在 NE（Gitelson，2013）和 T_{VI}（Wu et al.，2007）的基础上提出敏感性指数 S，对不同光谱指数反演叶片氮含量模型的适用性给出合理的分析评价。

$$S = RMSE_{(SI, LNC)} / (\sigma_{SI} \cdot |d_{SI} / d_{LNC}|) \tag{12-1}$$

式中，σ_{SI} 为光谱指数（SI）的标准差，反映了光谱指数的动态变化范围；$RMSE_{(SI,LNC)}$ 为光谱指数（SI）关于叶片氮含量（LNC）最优拟合模型的均方根误差，表达了 SI-LNC 模拟关系的稳定性；d_{SI} / d_{LNC} 为光谱指数关于叶片氮含量最优拟合模型的一阶微分，反映了光谱指数对叶片氮含量变化的敏感性，本书对其取绝对值。$RMSE_{(SI,LNC)}$ 越小，σ_{SI} 和 d_{SI}/d_{LNC} 绝对值越大，S 值就越小，表明 SI 对叶片氮含量（LNC）的敏感度和适用性就越强。

敏感性分析表明（图 12-4），RVI、TCARI/OSAVI 和 GRVI 对叶片氮含量的响应能力较强，估算模型的适用性较高。GRVI、VARI、MSAVI、NPCI、NRI 和叶片氮含量为非线性相关，S 值与叶片氮含量呈指数关系分布，在叶片氮含量较低时，S 值也较低，所建模型的适用性较强；之后 S 值平缓增加，在超过一定阈值后，S 值随着叶片氮含量的增加迅猛提升，适用性降低。GRVI 对叶片氮含量的敏感性较高，S 值低于其他非线性相关指数。VARI、MSAVI 构建的模型适用性整体要高于 NRI 和 NPCI。VARI 在叶片氮含量低于 2.5% 时，适用性强于 MSAVI，之后相反；NRI 指数在叶片氮含量低于 2% 时，适用性高于 NPCI，之后相反。NDVI 构建的模型具有较高的决定系数（$R^2 = 0.53$），但模型的敏感性（LNC-SI 模拟方程一阶微分低于 0.25）和适用性降低（S 值随 LNC 的增加呈倍数递增）。TCARI/OSAVI、RVI 与 LNC 呈线性相关，S 为常数（$S<0.2$），对叶片

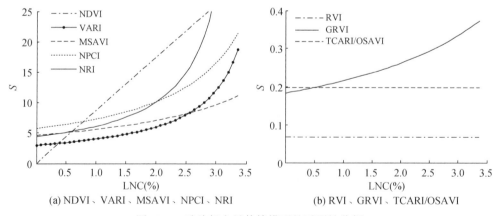

(a) NDVI、VARI、MSAVI、NPCI、NRI　　　(b) RVI、GRVI、TCARI/OSAVI

图 12-4　叶片氮含量估算模型的适用性分析

氮含量的响应具有稳定性。RVI、TCARI/OSAVI 指数对 LNC-SI 模型的一阶微分分别为 9.44 和 3.08，模型敏感性 S 值分别为 0.0671 和 0.1979，因此 RVI 的适用性优于 TCARI/OSAVI。

12.1.3.3　叶片氮含量估算模型检验

利用验证集（38 样本）对基于不同光谱指数变量的模型精度进行检验，实测值与预测值空间分布、拟合方程 R^2、RMSE、MRE 结果如图 12-5 所示，拟合方程均通过 0.01 的显著性检验。图 12-5 中虚线为 1∶1 线，散点分布越接近 1∶1 线说明模型预测精度越高。所有方程的斜率均低于 1，表明基于以上 8 类光谱指数构建的叶片氮含量估算模型整体上低估了实测值，当 LNC<1.5% 时，所有模型的估算值高于或接近实测值，而在 LNC>1.5% 时，所有模型均不同程度低估了实测值。8 类模型的 MRE 为 25.04% ~ 32.79%，RMSE 为 0.45 ~ 0.56。基于 MSAVI 和 GRVI 的估算值与实测值偏差较大，散点分布较为松散，拟合方程决定系数较低；NPCI 光谱指数在验证集上表现较为突出，R^2 达到 0.59，RMSE 为 0.45；TCARI/OSAVI 和 RVI 光谱指数保持了相对较高的估算精度。综合估算模型决定系数，光谱指数对叶片氮含量变化的响应能力和验证模型的精度，认为基于 RVI 建立的模型"LNC =0.0631RVI+0.2811"是叶片氮含量估算的最佳模型。

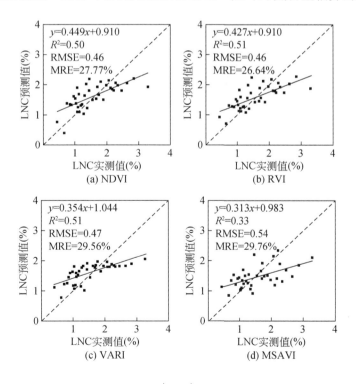

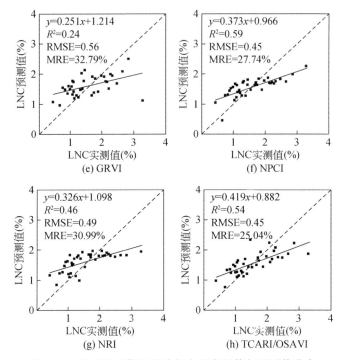

图 12-5　基于验证集的叶片氮含量实测值与预测值分布

12.2　不同卫星传感器模拟光谱比较

为了提高和扩展国产中高空间分辨率卫星影像数据的应用能力与应用范围，将国产卫星与国外应用较为广泛的多光谱卫星的影像数据进行对比分析和评价。各卫星传感器光谱探测范围及光谱响应函数曲线见表 12-2 和图 12-6。

表 12-2　各卫星多光谱波段及中心波长

卫星	波段信息/中心波长				
	蓝（μm）	绿（μm）	红（μm）	近红外（μm）	分辨率（m）
Landsat 8	0.45~0.52/0.483	0.53~0.60/0.561	0.63~0.68/0.655	0.85~0.89/0.865	30
SPOT 6	0.455~0.525/0.48	0.53~0.59/0.56	0.625~0.695/0.66	0.76~0.89/0.82	6
HJ-1A	0.43~0.52/0.475	0.52~0.60/0.56	0.63~0.69/0.66	0.76~0.90/0.83	30
HJ-1B	0.43~0.52/0.475	0.52~0.60/0.56	0.63~0.69/0.66	0.76~0.90/0.83	30
GF-1	0.45~0.52/0.503	0.52~0.59/0.576	0.63~0.69/0.68	0.77~0.89/0.81	8
ZY-3	0.45~0.52/0.4803	0.52~0.59/0.5507	0.63~0.69/0.6648	0.77~0.89/0.805	6

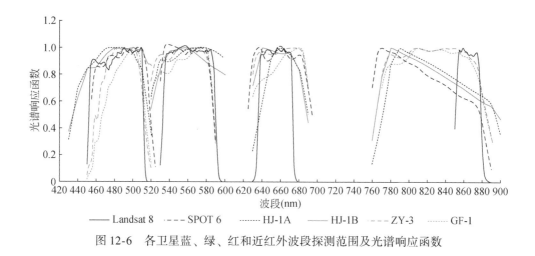

图 12-6 各卫星蓝、绿、红和近红外波段探测范围及光谱响应函数

不同卫星传感器的光谱探测范围和响应函数（图 12-6）表明，6 类传感器在可见光波段的光谱探测范围差异较小，中心波长较为接近。在近红外波段，Landsat 8 的光谱探测范围窄于其他传感器，其探测波长为 850～890nm，中心波长为 864.6nm，其他卫星传感器的光谱范围在近红外波段较为接近，但光谱响应函数具有显著差异。

利用式（11-1）同时模拟 Landsat 8 OLI 、SPOT 6 MS 与国产卫星 HJ-1A CCD1、HJ-1B CCD1、ZY-3 CCD 的光谱反射率，并对国产卫星与国外卫星光谱反射率对叶片氮含量估算能力作比较。根据 192 个实测样本光谱反射率，模拟各卫星宽波段的光谱反射率，不同卫星可见光和近红外模拟光谱反射率分布如图 12-7 所示。

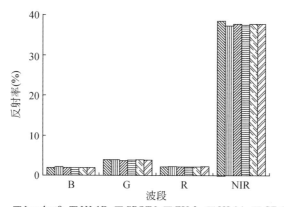

图 12-7 不同卫星可见光和近红外模拟光谱反射率分布

不同传感器的光谱响应函数不同，模拟不同传感器的光谱反射率、光谱指数之间存在差异，其中可见光波段不同卫星之间光谱反射率的差异性较小，Landsat 8 卫星在近红外波段的光谱反射率略高于其他卫星。蓝波段（B）光谱反射率为 1.92%~2.02%，绿波段（G）光谱反射率为 3.71%~3.92%，红波段（R）光谱反射率为 2.16%~2.25%，近红外波段（NIR）为 37.24%~38.43%。对基于不同卫星传感器的模拟光谱波段和光谱指数进行单因素方差分析，结果表明（表 12-3），基于 6 类卫星传感器平台的模拟反射率以及光谱指数之间存在差异，但差异并不显著（P>0.05）。

表 12-3　模拟光谱反射率及光谱指数的单因素方差分析

因素		统计特征值	
		F	P
波段	B	0.49	0.78
	G	0.55	0.74
	R	0.16	0.98
	NIR	0.46	0.81
光谱指数	NDVI	0.23	0.95
	RVI	0.50	0.78
	VARI	0.41	0.84
	MSAVI	0.48	0.79
	GRVI	0.92	0.47
	NPCI	0.41	0.84
	NRI	0.77	0.57
	TCARI/OSAVI	0.56	0.73

12.3　基于光谱指数的叶片氮含量通用模型构建

12.3.1　基于光谱指数的叶片氮含量通用模型构建

相同光谱指数在不同传感器之间存在差异，但是差异不显著，导致采用同一光谱指数构建不同卫星平台的光谱指数-叶片氮含量（SI-LNC）模型同质性较高，差异性微弱。因此，将 6 类平台的数据进行汇总（合计样本 1152 个），尝试建立适用于不同卫星平台的光谱指数估算叶片氮含量的通用模型。基于全体样本，所筛选的 8 类光谱指数 TCARI/OSAVI、RVI、NPCI、VARI、MSAVI、GRVI、NRI、NDVI 与叶片氮含量的 Pearson 相关系数分别为 -0.776、0.758、-0.645、0.632、0.625、0.612、0.611、0.608，均通过 $P<0.01$ 水平的显著性检验。其中，TCARI/OSAVI、NPCI 和叶片氮含量呈显著负相关，这与 Penuelas 等（1994）、Haboudane 等（2002）的研究结果一致，这是因为随着小麦叶片氮含量的增加，叶片的光合能力增强，对红、蓝光的吸收增加，而近红外波段光谱反射率不断提升。基于 924 个训练集样本（154×6）建立光谱指数和叶片氮含量的通用回归模型（表 12-4）。各模型均通过显著性检验，其中 NDVI 和叶片氮含量表现出显著的指数关系，VARI、NRI 和叶片氮含量的最优模型为二次多项式，TCARI/OSAVI、RVI、MSAVI、GRVI、NPCI 和叶片氮含量为线性相关。TCARI/OSAVI 与叶片氮含量的线性模型拟合精度最高，R^2 达到 0.62；其次是 RVI，R^2 为 0.59。

表 12-4　基于光谱指数的叶片氮含量通用估算模型构建（$n=924$）

光谱指数	拟合方程	R^2	F
TCARI/OSAVI	$y = -0.2038\ x + 0.6923$	0.62	1526.73
RVI	$y = 0.0632\ x + 0.2835$	0.59	1343.25
NDVI	$y = 0.0142\ e^{5.1871\ x}$	0.44	731.06
MSAVI	$y = 3.5739\ x - 0.6966$	0.41	639.30
GRVI	$y = 0.1327\ x + 0.2534$	0.41	646.74
VARI	$y = -4.4567\ x^2 + 6.4372\ x - 0.2533$	0.41	326.25
NPCI	$y = -4.3792\ x + 1.7251$	0.38	575.46
NRI	$y = -11.618\ x^2 + 10.506\ x - 0.3555$	0.40	301.33

注：y 为 LNC 预测值，x 为光谱指数。

12.3.2　SI-LNC 估算模型的敏感性分析

光谱指数（SI）对叶片氮含量（LNC）的一阶微分反映了光谱指数随叶片氮含量变化的梯度，是光谱指数对叶片氮含量敏感性的表征。图 12-8 中 SI 对 LNC 的一阶微分绝对值越高，SI 对 LNC 的变化越敏感。NDVI、VARI、MSAVI、NPCI 和 NRI 拟合方程的一阶微分小于 1，对 LNC 变化的敏感度较低。RVI、GRVI、TCARI/OSAVI 对 LNC 的敏感度高于以上指数。图 12-9 噪声等效误差（NE）的变化表明，NDVI 指数在 LNC 较低时具有最低的噪声等效误差，对 LNC 的变化较为敏感，当叶片氮含量大于 1% 时，NE 呈倍数增长，NDVI 对 LNC 的响应能力下降。其他光谱指数的 NE 均高于 1，其中 VARI、NPCI、NRI 与 LNC 为非线性相关，NE 随着 LNC 的增加呈指数递增，敏感度在 LNC 小于 1.5% 后快速下降。GRVI、MSAVI、TCARI/OSAVI、RVI 与 LNC 呈线性相关，NE 均为常数（NE 小于 2），对 LNC 的响应具有稳定性。GRVI 和 MSAVI 的 NE 相等，为 1.93，RVI 的 NE 为 1.34，TCARI/OSAVI 的 NE 为 1.26。图 12-9 敏感性指数 S 的变化表明，考虑到光谱指数自身的响应幅宽，RVI、GRVI 和 TCARI/OSAVI 的敏感性指数 S 值均低于 0.8，其中 RVI 的 S 值小于 0.2，表明 RVI、GRVI 和 TCARI/OSAVI 对 LNC 估算的适用性增强，同高分 1 号卫星数据分析结果一致，RVI 对 LNC 的变化适用性最佳。

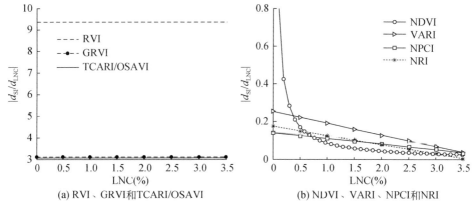

图 12-8　光谱指数对叶片氮含量的一阶微分分布

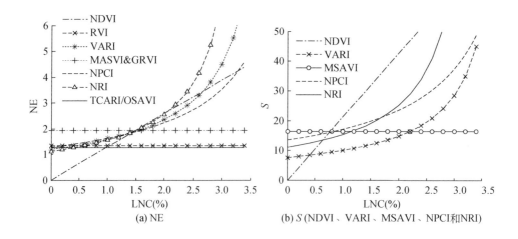

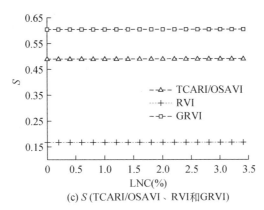

(c) S (TCARI/OSAVI、RVI和GRVI)

图 12-9　冬小麦光谱指数估算叶片氮含量的敏感性分析

12. 3. 3　叶片氮含量估算模型检验

利用验证集样本（38×6＝228 个样本）对基于不同光谱指数变量的模型精度进行检验，实测值与预测值拟合方程、拟合方程决定系数 R^2、均方根误差 RMSE、平均相对误差 MRE 的结果见表 12-5。

表 12-5　叶片氮含量通用估算模型精度检验（$n=228$）

SI	拟合方程	R^2	RMSE（%）	MRE（%）
TCARI/OSAVI	$y=0.4169x+0.8855$	0.54**	0.45	25.12
RVI	$y=0.4247x+0.9191$	0.51**	0.46	26.65
NDVI	$y=0.2681x+1.1007$	0.47**	0.51	28.38
VARI	$y=0.3552x+1.0404$	0.51**	0.47	29.47
MSAVI	$y=0.2982x+1.0375$	0.32**	0.54	30.79
GRVI	$y=0.2183x+1.2641$	0.22**	0.57	33.23
NPCI	$y=0.3887x+0.9184$	0.65**	0.44	26.26
NRI	$y=0.3248x+1.0996$	0.46**	0.49	31.01

**表示方程通过 0.01 水平的显著性检验。

注：y 为验证集 LNC 实测值，x 为验证集 LNC 预测值。

方程均通过 $P<0.01$ 的显著性检验。TCARI/OSAVI 和 RVI 光谱指数保持了相对较高的估算精度。NPCI 光谱指数在验证集上表现较为突出，R^2 达到 0.65，RMSE 为 0.44%，因此该指数在稳定性上稍微差点。将各卫星数据的验证集分别代入基于最佳指数 TCARI/OSAVI 建立的 LNC 通用模型（$y = -0.2038\ x + 0.6923$）和适用性最强指数 RVI 建立的模型（$y = 0.0632\ x + 0.2835$），结果表

明，各卫星实测 LNC 值和预测 LNC 值间线性回归方程的决定系数为 0. 53 ~ 0. 54，
RMSE 均为 0. 45，MRE 为 24. 95% ~ 25. 30%，方程通过显著性检验。

12. 4　GF-1 号卫星数字影像 LNC 反演制图

我国自 2011 年高分专项全面启动实施以来，已经成功获取了来自 GF-1 号和
GF-2 号卫星的遥感影像数据。GF-1 号卫星搭载了 2m 全色相机、8m 和 16m 多光
谱相机，重访周期为 41 天，8m 多光谱数据包含蓝（450 ~ 520nm）、绿（520 ~
590nm）、红（630 ~ 690nm）和近红外（770 ~ 890nm）4 个波段。本书选取杨陵
地区 2014 年 3 月 10 日 GF-1 号 8m 多光谱相机影像一景，影像获取时间与田间试
验返青期采样时间一致。在 ENVI 5. 0 下，对 GF-1 号卫星影像进行辐射定标、大
气校正和正射校正。应用第 6 章的支持向量机分类方法对图像进行分类，提取影
像中冬小麦的覆盖区域，分类识别的用户精度和制图精度均在 90% 以上。

模拟高分 1 号光谱反射率的 TCARI/OSAVI 指数与叶片氮含量的相关性最高，
敏感性分析表明 RVI 指数的适用性更强。

$$LNC = 0. 0631RVI + 0. 2811 \tag{12-2}$$

$$LNC = -0. 2037TCARI/OSAVI + 0. 6885 \tag{12-3}$$

基于模拟 Landsat 8 OLI、SPOT 6 MS、HJ-1A CCD1、HJ-1B CCD1、GF-1
PMS、ZY-3 CCD 反射率的叶片氮含量通用估算模型同样表明，TCARI/OSAVI 指
数与叶片氮含量的相关性最高，RVI 指数的适用性更强。表达式分别为

$$LNC = 0. 0632RVI + 0. 2835 \tag{12-4}$$

$$LNC = -0. 2038TCARI/OSAVI + 0. 6923 \tag{12-5}$$

式（12-2）和式（12-3），式（12-3）和式（12-5）的方程斜率与截距，以
及模拟方程的决定系数一致，两组方程无显著性差异，基于 GF-1 号卫星数据建
立的模型并没有比通用模型显著提高叶片氮含量的估算精度。

在 ENVI 5. 0 下，选择 GF-1 号卫星影像相关波段计算 TCARI/OSAVI 和 RVI，
利用 TCARI/OSAVI 和 RVI 所建立的模型进行 LNC 遥感估算，并以提取的冬小麦
覆盖区域作为掩膜，获取冬小麦返青期 LNC 遥感监测专题图（图 12-10）。在空
间分布格局上，实测冬小麦叶片氮含量由西南向东北方向逐渐递增，基于
TCARI/OSAVI 和 RVI 的 LNC 估算结果与实际叶片氮含量空间分布趋势较为一
致。TCARI/OSAVI-LNC 模型和 RVI-LNC 估算模型的平均值分别为 0. 82 和 0. 91。
以同步采集的地面大田实测数据进行精度检验，结果表明：TCARI/OSAVI-LNC
模型和 RVI-LNC 模型的估算值与实测值所建回归方程的决定系数 R^2 分别为 0. 56
和 0. 52，TCARI/OSAVI 和 RVI 的估算模型均在不同程度上低估了实测数值，但

基于 RVI 模型的估算精度略高于 TCARI/OSAVI 模型。

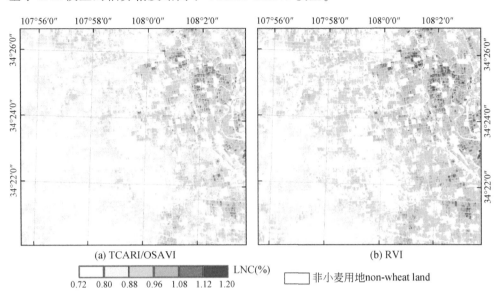

图 12-10　冬小麦叶片氮含量空间分布图

12.5　结　　论

　　本章根据各卫星传感器的光谱响应函数和地面实测高光谱数据，从理论上建立了基于光谱指数的 LNC 通用估算模型。但是实际卫星传感器在接收来自地面目标物的电磁辐射信息时，还会受到大气过程及对应空间分辨率的地面像元纯度的影响，使可见光—近红外波段的光谱反射率和模拟光谱反射率有所差异，本书中返青期的模拟光谱反射率和卫星实测反射率之间的相关性较好，而其他生育期则有待探讨。模型对于具体卫星影像的应用能力及不同卫星平台 LNC 的空间一致性问题，仍需要通过大量的遥感影像进行检验。虽然本章所建的全生育期 LNC 模型均通过了显著性检验，但验证集中实测值和预测值分布偏离 1∶1 线，所有模型整体上低估了实测值。在返青期的 LNC 遥感制图中，相对较高的叶片氮含量被低估，导致整体上 LNC 值偏低。基于 RVI 的 LNC 空间分布趋势与实际吻合，精度略高于 TCARI/OSAVI，但是 RVI 在其他生育期图像的制图表现仍需要探讨。基于多光谱数据的冬小麦 LNC 估算模型精度整体上低于高光谱数据。

参 考 文 献

陈拉. 2009. 高光谱遥感数据在植被信息提取中的应用研究. 安徽农业科学, 37（8）: 3842-3843.

陈希孺, 王松桂. 1987. 近代回归分析: 原理方法及应用. 合肥: 安徽教育出版社.

陈雪洋, 蒙继华, 朱建军, 等. 2012. 冬小麦叶面积指数的高光谱估算模型研究. 测绘科学, 37（5）: 141-144.

谌爱文. 2007. 基于 BP 和 RBF 神经网络的数据预测方法研究. 长沙: 中南大学硕士学位论文.

成忠, 张立庆, 刘赫扬, 等. 2010. 连续投影算法及其在小麦近红外光谱波长选择中的应用. 光谱学与光谱分析, 30（4）: 949-952.

丁希斌, 刘飞, 张初, 等. 2015. 基于高光谱成像技术的油菜叶片 SPAD 值检测. 光谱学与光谱分析,（2）: 486-491.

董晶晶, 王力, 牛铮. 2009. 植被冠层水平叶绿素含量的高光谱估测. 光谱学与光谱分析, 29（11）: 3003-3006.

方圣辉, 乐源, 梁琦. 2015. 基于连续小波分析的混合植被叶绿素反演. 武汉大学学报（信息科学版）, 40（3）: 296-302.

冯伟, 姚霞, 朱艳, 等. 2008. 基于高光谱遥感的小麦叶片含氮量监测模型研究. 麦类作物学报, 25（5）: 851-860.

付元元, 王纪华, 杨贵军, 等. 2013. 应用波段深度分析和偏最小二乘回归的冬小麦生物量高光谱估算. 光谱学与光谱分析, 32（5）: 1315-1319.

宫兆宁, 赵雅莉, 赵文吉, 等. 2014. 基于光谱指数的植物叶片叶绿素含量的估算模型. 生态学报, 34（20）: 5736-5745.

何晓群, 闵素芹. 2014. 实用回归分析. 2 版. 北京: 高等教育出版社.

黄敬峰, 王福民, 王秀珍. 2010. 水稻高光谱遥感实验研究. 杭州: 浙江大学出版社.

蒋金豹, 陈云浩, 黄文江. 2010. 利用高光谱红边与黄边位置距离识别小麦条锈病. 光谱学与光谱分析, 30（6）: 1614-1618.

李粉玲. 2016. 关中地区冬小麦叶片氮素高光谱数据与卫星影像定量估算研究. 杨凌: 西北农林科技大学博士学位论文.

李粉玲, 常庆瑞. 2017. 基于连续统去除法的冬小麦叶片全氮含量估算. 农业机械学报, 48（7）: 174-179.

李粉玲, 王力, 刘京, 等. 2015. 基于高分一号卫星数据的冬小麦叶片 SPAD 值遥感估算. 农业机械学报, 46（9）: 273-281.

李粉玲, 常庆瑞, 申健, 等. 2016a. 基于 GF-1 卫星数据的冬小麦叶片氮含量遥感估算. 农业工程学报, 32（9）: 157-164.

李粉玲, 常庆瑞, 申健, 等. 2016b. 模拟多光谱卫星宽波段反射率的冬小麦叶片氮含量估算. 农业机械学报, 47（2）: 302-308.

李国强, 朱云集, 郭天财, 等. 2006. 氮磷钾硫的施用对冬小麦光合特性及产量的影响. 水土保持学报，20（6）：175-178.

李健，周云轩，许惠平 . 2001. 重力场数据处理中小波母函数的选择 . 物探与化探，25（6）：410-417.

李娟，韩霁昌，张扬，等 . 2014. 高光谱遥感技术在作物营养监测中的研究进展 . 现代农业科技，（24）：251-254.

李向阳，刘国顺，史舟，等 . 2007. 利用室内光谱红边参数估测烤烟叶片成熟度 . 遥感学报，11（2）：269-275.

李晓飞 . 2009. 小波分析在光谱数据去噪处理中的应用 . 上海：上海交通大学硕士学位论文 .

李晓宇，张新峰，沈兰荪 . 2006. 支持向量机（SVM）的研究进展 . 测控技术，25（5）：7-12.

李欣海 . 2013. 随机森林模型在分类与回归分析中的应用 . 应用昆虫学报，50（4）：1190-1197.

李友坤 . 2012. BP 神经网络的研究分析及改进应用 . 淮南：安徽理工大学硕士学位论文 .

李媛媛，常庆瑞，刘秀英，等 . 2016. 基于高光谱和 BP 神经网络的玉米叶片 SPAD 值遥感估算 . 农业工程学报，32（16）：135-142.

梁栋，管青松，黄文江，等 . 2013. 基于支持向量机回归的冬小麦叶面积指数遥感反演 . 农业工程学报，29（7）：117-123.

梁亮，杨敏华，张连蓬，等 . 2011. 小麦叶面积指数的高光谱反演 . 光谱学与光谱分析，31（6）：1658-1662.

梁顺林，李小文，王锦地 . 2013. 定量遥感：理念与算法 . 北京：科学出版社 .

林卉，梁亮，张连蓬，等 . 2013. 基于支持向量机回归算法的小麦叶面积指数高光谱遥感反演 . 农业工程学报，29（11）：139-146.

刘飚，陈春萍，封化民，等 . 2012. 基于 Fisher 准则的 SVM 参数选择算法 . 山东大学学报（理学版），47（7）：50-54.

刘良云 . 2014. 植被定量遥感原理与应用 . 北京：科学出版社 .

刘炜，常庆瑞，郭曼，等 . 2011a. 不同尺度的微分窗口下土壤有机质的一阶导数光谱响应特征分析 . 红外与毫米波学报，30（4）：316-321.

刘炜，常庆瑞，郭曼，等 . 2011b. 冬小麦导数光谱特征提取与缺磷胁迫神经网络诊断 . 光谱学与光谱分析，31（4）：1092-1096.

刘秀英 . 2016. 玉米生理参数及农田土壤信息高光谱监测模型研究 . 杨凌：西北农林科技大学博士学位论文 .

刘秀英，申健，常庆瑞，等 . 2015. 基于可见/近红外光谱的牡丹叶片花青素含量预测 . 农业机械学报，46（9）：319-324.

罗丹 . 2017. 基于高光谱遥感的冬小麦氮素营养指标监测研究 . 杨凌：西北农林科技大学硕士学位论文 .

罗丹，常庆瑞，齐雁冰，等 . 2016. 基于光谱指数的冬小麦冠层叶绿素含量估算模型研究 . 麦类作物学报，36（9）：1225-1233.

秦占飞，常庆瑞，谢宝妮，等 . 2016. 基于无人机高光谱影像的引黄灌区水稻叶片全氮含量估测 . 农业工程学报，32（23）：77-85.

任海建.2012.不同植被覆盖度条件下小麦生长参数的高光谱监测研究.南京：南京农业大学硕士学位论文.

尚艳.2015.不同氮水平下小麦冠层光谱特征及其与农学参数关系研究.杨凌：西北农林科技大学硕士学位论文.

尚艳，常庆瑞，刘秀英，等.2016.关中地区小麦冠层光谱与氮素的定量关系.西北农林科技大学学报（自然科学版），44（5）：38-44.

申健，常庆瑞，李粉玲，等.2017.基于时序 NDVI 的关中地区冬小麦种植信息遥感提取.农业机械学报，48（3）：215-220.

沈阿林，王朝辉.2010.小麦营养失调症状图谱及调控技术.北京：科学出版社.

史舟，梁宗正，杨媛媛，等.2015.农业遥感研究现状与展望.农业机械学报，46（2）：247-260.

苏红军，杜培军.2006.高光谱数据特征选择与特征提取研究.遥感技术与应用，21（4）：288-293.

孙勃岩，常庆瑞，刘梦云.2017.冬小麦冠层叶绿素质量分数高光谱遥感反演研究.西北农业学报，26（4）：552-559.

孙旭东，郝勇，蔡丽君，等.2011.基于抽取和连续投影算法的可见近红外光谱变量筛选.光谱学与光谱分析，31（9）：2399-2402.

谭海珍，李少昆，王克如，等.2008.基于成像光谱仪的冬小麦苗期冠层叶绿素密度监测.作物学报，34（10）：1812-1817.

田明璐.2017.西北地区冬小麦生长状况高光谱遥感监测研究.杨凌：西北农林科技大学博士学位论文.

田明璐，班松涛，常庆瑞，等.2016a.基于低空无人机成像光谱仪影像估算棉花叶面积指数.农业工程学报，32（21）：102-108.

田明璐，班松涛，常庆瑞，等.2016b.基于无人机成像光谱仪数据的棉花叶绿素含量反演.农业机械学报，47（11）：285-293.

田庆久，宫鹏，赵春江，等.2000.用光谱反射率诊断小麦水分状况的可行性分析.科学通报，45（24）：2645-2650.

童庆禧.2006.高光谱遥感.北京：高等教育出版社.

王备战，冯晓，温暖，等.2012.基于 SPOT-5 影像的冬小麦拔节期生物量及氮积累量监测.中国农业科学，45（15）：3049-3057.

王方永，王克如，李少昆，等.2011.应用两种近地可见光成像传感器估测棉花冠层叶片氮素状况.作物学报，37（6）：1039-1048.

王惠文.1999.偏最小二乘回归方法及其应用.北京：国防工业出版社.

王纪华，赵春江，郭晓维，等.2001.用光谱反射率诊断小麦叶片水分状况的研究.中国农业科学，34（1）：104-107.

王纪华，黄文江，劳彩莲，等.2007.运用 PLS 算法由小麦冠层反射光谱反演氮素垂直分布.光谱学与光谱分析，27（7）：1319-1322.

王劼，秦琳琳，吴刚.2011.连续投影算法在小麦高光谱定量分析中的应用.电子技术，

38 (9)：13-15.

王晓星，常庆瑞，刘梦云，等．2016．冬小麦冠层水平叶绿素含量的高光谱估测．西北农林科技大学学报（自然科学版），44（2）：48-54.

王瑛，莫金垣．2005．光谱信号的小波去噪新技术．光谱学与光谱分析，25（1）：124-127.

王圆圆，李贵才，张立军，等．2010．利用偏最小二乘回归从冬小麦冠层光谱提取叶片含水量．光谱学与光谱分析，30（4）：1070-1074.

吴长山，项月琴，郑兰芬，等．2000．利用高光谱数据对作物群体叶绿素密度估算的研究．遥感学报，4（3）：228-232.

吴国梁，崔秀珍．2000．高产小麦氮磷钾营养机理和需肥规律研究．中国农学通报，16（2）：8-11.

夏天，吴文斌，周清波，等．2013．冬小麦叶面积指数高光谱遥感反演方法对比．农业工程学报，29（3）：139-147.

薛利红，曹卫星，罗卫红，等．2003．基于冠层反射光谱的水稻群体叶片氮素状况监测．中国农业科学，36（7）：807-812.

杨峰，范亚民，李建龙，等．2010．高光谱数据估测稻麦叶面积指数和叶绿素密度．农业工程学报，26（2）：237-243.

杨贵军，李长春，于海洋，等．2015．农用无人机多传感器遥感辅助小麦育种信息获取．农业工程学报，31（21）：184-190.

杨晴，郭守华．2010．植物生理生化．北京：中国农业科学技术出版社.

姚付启，张振华，杨润亚，等．2009．基于红边参数的植被叶绿素含量高光谱估算模型．农业工程学报，25（S2）：123-129.

姚霞，朱艳，田永超，等．2009．小麦叶层氮含量估测的最佳高光谱参数研究．中国农业科学，42（8）：2716-2725.

伊燕平，卢文喜，许晓鸿，等．2013．基于 RBF 神经网络的土壤侵蚀预测模型研究．水土保持研究，20（2）：25-28.

张东彦，刘镕源，宋晓宇，等．2011a．应用近地成像高光谱估算玉米叶绿素含量．光谱学与光谱分析，31（3）：771-775.

张东彦，张竞成，朱大洲，等．2011b．小麦叶片胁迫状态下的高光谱图像特征分析研究．光谱学与光谱分析，31（4）：1101-1105.

张东彦，刘良云，黄文江，等．2013．利用图谱特征解析和反演作物叶绿素密度．红外与激光工程，42（7）：1871-1881.

张鸿程，皇甫湘荣，宝德俊，等．2000．冬小麦地上部器官氮磷钾的积累分配和运转的研究．土壤通报，31（4）：177-179.

张霞，戚文超，孙伟超．2016．基于数学形态滤波的植被光谱去噪方法研究．遥感技术与应用，31（5）：846-854.

张筱蕾，刘飞，聂鹏程，等．2014．高光谱成像技术的油菜叶片氮含量及分布快速检测．光谱学与光谱分析，34（9）：2513-2518.

赵春江．2009．精准农业研究与实践．北京：科学出版社.

赵祥，刘素红，王培娟，等 . 2004. 基于高光谱数据的小麦叶绿素含量反演 . 地理与地理信息科学，20（3）：36-39.

赵业婷，常庆瑞，陈学兄，等 . 2011. 县域耕地土壤速效磷空间格局研究——以武功县为例 . 西北农林科技大学学报（自然科学版），39（3）：157-162.

周志华，曹存根 . 2004. 神经网络及其应用 . 北京：清华大学出版社 .

Bannari A, Asalhi H, Teillet P M. 2002. Transformed difference vegetation index（TDVI）for vegetation cover mapping. Toronto：2002 IEEE International Geoscience and Remote Sensing Symposium.

Baret F, Houlès V, Guérif M. 2007. Quantification of plant stress using remote sensing observations and crop models：The case of nitrogen management. Journal of Experimental Botany, 58（4）：869.

Barnes J D, Balaguer L, Manrique E, et al. 1992. A reappraisal of the use of DMSO for the extraction and determination of chlorophylls a and b in lichens and higher plants. Environmental and Experimental Botany, 32（2）：85-100.

Bendig J, Bolten A, Bennertz S, et al. 2014. Estimating biomass of barley using crop surface models（CSMs）derived from UAV-based RGB imaging. Remote Sensing, 6（11）：10395-10412.

Blackburn G A. 1998. Spectral indices for estimating photosynthetic pigment concentrations：A test using senescent tree leaves. International Journal of Remote Sensing, 19（4）：657-675.

Botha E J, Leblon B, Zebarth B J, et al. 2010. Non-destructive estimation of wheat leaf chlorophyll content from hyperspectral measurements through analytical model inversion. International Journal of Remote Sensing, 31（7）：1679-1697.

Breiman L. 2001. Random forests. Machine Learning, 45（1）：5-32.

Broge N H, Leblanc E. 2000. Comparing prediction power and stability of broadband and hyperspectral vegetation indices for estimation of green leaf area index and canopy chlorophyll density. Remote Sensing of Environment, 76（2）：156-172.

Broge N H, Mortensen J V. 2002. Deriving green crop area index and canopy chlorophyll density of winter wheat from spectral reflectance data. Remote Sensing of Environment, 81（1）：45-57.

Butelli E, Titta L, Giorgio M, et al. 2008. Enrichment of tomato fruit with health-promoting anthocyanins by expression of select transcription factors. Nature Biotechnology, 26（11）：1301-1308.

Chalker-Scott L. 1999. Environmental significance of anthocyanins in plant stress responses. Photochemistry and Photobiology, 70（1）：1-9.

Chang T, Kuo C C J. 1993. Texture analysis and classification with tree-structured wavelet transform. IEEE Transactions on Image Processing A Publication of the IEEE Signal Processing Society, 2（4）：429-441.

Chen J M. 1996. Evaluation of vegetation indices and a modified simple ratio for boreal applications. Canadian Journal of Remote Sensing, 22（3）：229-242.

Chen P, Haboudane D, Tremblay N, et al. 2010. New spectral indicator assessing the efficiency of crop nitrogen treatment in corn and wheat. Remote Sensing of Environment, 114（9）：1987-1997.

Cheng T, Rivard B, Sánchez-Azofeifa G A, et al. 2010. Continuous wavelet analysis for the detection of green attack damage due to mountain pine beetle infestation. Remote Sensing of Environment, 114 (4): 899-910.

Cheng T, Rivard B, Sánchez-Azofeifa A G, et al. 2014. Deriving leaf mass per area (LMA) from foliar reflectance across a variety of plant species using continuous wavelet analysis. ISPRS Journal of Photogrammetry and Remote Sensing, 87 (1): 28-38.

Clark R N, Roush T L. 1984. Reflectance spectroscopy: Quantitative analysis techniques for remote sensing applications. Journal of Geophysical Research Solid Earth, 89 (B7): 6329-6340.

Clevers J G P W, Gitelson A A. 2013. Remote estimation of crop and grass chlorophyll and nitrogen content using red-edge bands on Sentinel-2 and -3. International Journal of Applied Earth Observation and Geoinformation, 23 (8): 344-351.

Close D C, Beadle C L. 2003. The Ecophysiology of Foliar Anthocyanin. Botanical Review, 69 (2): 149-161.

Colomina I, Molina P. 2014. Unmanned aerial systems for photogrammetry and remote sensing: A review. ISPRS Journal of Photogrammetry and Remote Sensing, 92 (2): 79-97.

Crippen R E. 1990. Calculating the vegetation index faster. Romote Sensing of Environment, 34 (1): 71-73.

Croft H, Chen J M, Zhang Y, et al. 2013. Modelling leaf chlorophyll content in broadleaf and needle leaf canopies from ground, CASI, Landsat TM 5 and MERIS reflectance data. Remote Sensing of Environment, 133 (12): 128-140.

Dash J, Curran P J. 2004. The MERIS terrestrial chlorophyll index. International Journal of Remote Sensing, 25 (23): 5003-5013.

Datt B. 1999. A new reflectance index for remote sensing of chlorophyll content in higher plants: Tests using eucalyptus leaves. Journal of Plant Physiology, 154 (1): 30-36.

Daughtry C S T, Walthall C L, Kim M S, et al. 2000. Estimating corn leaf chlorophyll concentration from leaf and canopy reflectance. Remote Sensing of Environment, 74 (2): 229-239.

Delegido J, Alonso L, González G, et al. 2010. Estimating chlorophyll content of crops from hyperspectral data using a normalized area over reflectance curve (NAOC). International Journal of Applied Earth Observation and Geoinformation, 12 (3): 165-174.

Durbha S S, King R L, Younan N H. 2007. Support vector machines regression for retrieval of leaf area index from multiangle imaging spectroradiometer. Remote Sensing of Environment, 107 (1-2): 348-361.

Ebadi L, Shafri H Z M, Mansor S B, et al. 2013. A review of applying second-generation wavelets for noise removal from remote sensing data. Environmental Earth Sciences, 70 (6): 2679-2690.

Ecarnot M, Compan F, Roumet P. 2013. Assessing leaf nitrogen content and leaf mass per unit area of wheat in the field throughout plant cycle with a portable spectrometer. Field Crops Research, 140: 44-50.

El-Shikha D M, Waller P, Hunsaker D, et al. 2007. Ground-based remote sensing for assessing water and nitrogen status of broccoli. Agricultural Water Management, 92 (3): 183-193.

Filella I, Penuelas J. 1994. The red edge position and shape as indicators of plant chlorophyll content, biomass and hydric status. International Journal of Remote Sensing, 15 (7): 1459-1470.

Fitzgerald G, Rodriguez D, O'Leary G. 2010. Measuring and predicting canopy nitrogen nutrition in wheat using a spectral index-The canopy chlorophyll content index (CCCI). Field Crops Research, 116 (3): 318-324.

Gao B C. 1996. NDWI—A normalized difference water index for remote sensing of vegetation liquid water from space. Remote Sensing of Environment, 58 (3): 257-266.

Ge Y, Bai G, Stoerger V, et al. 2016. Temporal dynamics of maize plant growth, water use, and leaf water content using automated high throughput RGB and hyperspectral imaging. Computers and Electronics in Agriculture, 127: 625-632.

Gitelson A A. 2013. Remote estimation of crop fractional vegetation cover: The use of noise equivalent as an indicator of performance of vegetation indices. International Journal of Remote Sensing, 34 (17): 6054-6066.

Gitelson A A, Merzlyak M N. 1994. Quantitative estimation of chlorophyll-a using reflectance spectra: Experiments with autumn chestnut and maple leaves. Journal of Photochemistry and Photobiology B Biology, 22 (3): 247-252.

Gitelson A A, Merzlyak M N. 1996. Signature analysis of leaf reflectance spectra: Algorithm development for remote sensing of chlorophyll. Journal of Plant Physiology, 148 (S3-4): 494-500.

Gitelson A, Merzlyak M N. 2015. Quantitative estimation of chlorophyll-a using reflectance spectra: Experiments with autumn chestnut and maple leaves. Journal of Photochemistry and Photobiology B: Biology, 22 (3): 247-252.

Gitelson A A, Merzlyak M N, Chivkunova O B. 2001. Optical properties and nondestructive estimation of anthocyanin content in plant leaves. Photochemistry and Photobiology, 74 (1): 38.

Gitelson A A, Kaufman Y J, Stark R, et al. 2002a. Novel algorithms for remote estimation of vegetation fraction. Remote Sensing of Environment, 80 (1): 76-87.

Gitelson A A, Stark R, Grits U, et al. 2002b. Vegetation and soil lines in visible spectral space: A concept and technique for remote estimation of vegetation fraction. International Journal of Remote Sensing, 23 (13): 2537-2562.

Gitelson A A, Gritz Y, Merzlyak M N. 2003. Relationships between leaf chlorophyll content and spectral reflectance and algorithms for non-destructive chlorophyll assessment in higher plant leaves. Journal of Plant Physiology, 160 (3): 271.

Goel N S, Qin W. 1994. Influences of canopy architecture on relationships between various vegetation indices and LAI and FPAR: A computer simulation. Remote Sensing Reviews, 10 (4): 309-347.

Gould K S, Neill S O, Vogelmann T C. 2002. A unified explanation for anthocyanins in leaves? Advances in Botanical Research, 37 (1): 167-192.

Gupta R K, Vijayan D, Prasad T S. 2001. New hyperspectral vegetation characterization parameters. Advances in Space Research, 28 (1): 201-206.

Haboudane D, Miller J R, Tremblay N, et al. 2002. Integrated narrow-band vegetation indices for prediction of crop chlorophyll content for application to precision agriculture. Remote Sensing of Environment, 81 (2-3): 416-426.

Haboudane D, Miller J R, Pattey E, et al. 2004. Hyperspectral vegetation indices and novel algorithms for predicting green LAI of crop canopies: Modeling and validation in the context of precision agriculture. Remote Sensing of Environment, 90 (3): 337-352.

Horler D N H, Dockray M, Barber J. 1983. The red edge of plant leaf reflectance. International Journal of Remote Sensing, 4 (2): 273-288.

Houborg R, Mccabe M, Cescatti A, et al. 2015. Joint leaf chlorophyll content and leaf area index retrieval from Landsat data using a regularized model inversion system (REGFLEC). Remote Sensing of Environment, 159: 203-221.

Huang Z, Turner B J, Dury S J, et al. 2004. Estimating foliage nitrogen concentration from HYMAP data using continuum removal analysis. Remote Sensing of Environment, 93 (1-2): 18-29.

Huete A, Justice C, Liu H. 1994. Development of vegetation and soil indices for MODIS-EOS. Remote Sensing of Environment, 49 (3): 224-234.

Hunt E R, Rock B N. 1989. Detection of changes in leaf water content using near- and middle-infrared reflectances. Remote Sensing of Environment, 30 (1): 43-54.

Jordan C F. 1969. Derivation of leaf-area index from quality of light on the forest floor. Ecology, 50 (4): 663-666.

Lee D W, Gould K S. 2002. Anthocyanins in leaves and other vegetative organs: An introduction. Advances in Botanical Research, 37 (02): 1-16.

Li F, Miao Y, Hennig S D, et al. 2010. Evaluating hyperspectral vegetation indices for estimating nitrogen concentration of winter wheat at different growth stages. Precision Agriculture, 11 (4): 335-357.

Ling Q, Huang W, Jarvis P. 2011. Use of a SPAD-502 meter to measure leaf chlorophyll concentration in Arabidopsis thaliana. Photosynthesis Research, 107 (2): 209.

Loh F C W, Grabosky J C. 2002. Using the SPAD 502 meter to assess chlorophyll and nitrogen content of benjamin fig and cottonwood leaves. Horttechnology, 12 (4): 682-686.

López-Maestresalas A, Keresztes J C, Arazuri S, et al. 2016. Recent applications of near infrared hyperspectral imaging for quality inspection in the potato sector. Nir News, 27 (8): 11.

Merzlyak M N, Gitelson A A, Chivkunova O B, et al. 1999. Non-destructive optical detection of pigment changes during leaf senescence and fruit ripening. Physiologia Plantarum, 106 (1): 135-141.

Murata N, Yoshizawa S, Amari S I. 1994. Network information criterion-determining the number of hidden units for an artificial neural network model. IEEE Transactions on Neural Networks, 5 (6): 865.

Nguy-Robertson A L, Peng Y, Gitelson A A, et al. 2014. Estimating green LAI in four crops: Potential of determining optimal spectral bands for a universal algorithm. Agricultural and Forest Meteorology, 192-193: 140-148.

Oppelt N，Mauser W. 2004. Hyperspectral monitoring of physiological parameters of wheat during a vegetation period using AVIS data. International Journal of Remote Sensing，25（1）：145-159.

Pande- Chhetri R，Abd- Elrahman A. 2013. Filtering high-resolution hyperspectral imagery in a maximum noise fraction transform domain using wavelet-based de-striping. International Journal of Remote Sensing，34（6）：2216-2235.

Peng Y，Gitelson A A. 2011. Application of chlorophyll- related vegetation indices for remote estimation of maize productivity. Agricultural and Forest Meteorology，151（9）：1267-1276.

Peñuelas J，Gamon J A，Griffin K L，et al. 1993. Assessing community type，plant biomass，pigment composition，and photosynthetic efficiency of aquatic vegetation from spectral reflectance. Remote Sensing of Environment，46（2）：110-118.

Peñuelas J，Gamon J A，Fredeen A L，et al. 1994. Reflectance indices associated with physiological changes in nitrogen- and water-limited sunflower leaves. Remote Sensing of Environment，48（2）：135-146.

Peñuelas J，Baret F，Filella I. 1995. Semi-empirical indices to assess carotenoids/chlorophyll-a ration from leaf spectral reflectance. Photosynthetica，31（2）：221-230.

Pu R，Gong P. 2004. Wavelet transform applied to EO-1 hyperspectral data for forest LAI and crown closure mapping. Remote Sensing of Environment，91（2）：212-224.

Qin J L，Rundquist D，Gitelson A，et al. 2010. A Non-linear Model of Nondestructive Estimation of Anthocyanin Content in Grapevine Leaves with Visible/Red-Infrared Hyperspectral. Nanchang：The 4th IFIP TC 12 International Conference on Computer and Computing Technologies in Agriculture.

Quandt V I，Pacola E R，Pichorim S F，et al. 2015. Pulmonary crackle characterization：Approaches in the use of discrete wavelet transform regarding border effect，mother- wavelet selection，and subband reduction. Research on Biomedical Engineering，31（2）：148-159.

Rodger A，Laukamp C，Haest M，et al. 2012. A simple quadratic method of absorption feature wavelength estimation in continuum removed spectra. Remote Sensing of Environment，118（4）：273-283.

Rondeaux G，Steven M D，Baret F. 1996. Optimization of soil- adjusted vegetation indices. Remote sensing of environment，55（2）：95-107.

Roujean J L，Breon F M. 1995. Estimating PAR absorbed by vegetation from bidirectional reflectance measurements. Remote Sensing of Environment，51（3）：375-384.

Rouse J W，Haas R H，Schell J A，et al. 1973. Monitoring the vernal advancements and retrogradation（greenwave effect）of natural vegetation. Greenbelt，Maryland：Goddard Space Flight Center.

Sakamoto T，Gitelson A A，Nguy- Robertson A L，et al. 2012. An alternative method using digital cameras for continuous monitoring of crop status. Agricultural and Forest Meteorology，154- 155：113-126.

Schlemmer M，Gitelson A，Schepers J，et al. 2013. Remote estimation of nitrogen and chlorophyll contents in maize at leaf and canopy levels. International Journal of Applied Earth Observation and

Geoinformation, 25 (1): 47-54.

Serrano L, Ustin S L, Roberts D A, et al. 2000. Deriving water content of chaparral vegetation from AVIRIS data. Remote Sensing of Environment, 74 (3): 570-581.

Serrano L, Peñuelas J, Ustin S L . 2002. Remote sensing of nitrogen and lignin in Mediterranean vegetation from AVIRIS data: Decomposing biochemical from structural signals. Remote Sensing of Environment, 81 (2-3): 355-364.

Soares S F, Galvão R K, Araújo M C, et al. 2011. A modification of the successive projections algorithm for spectral variable selection in the presence of unknown interferents. Analytica Chimica Acta, 689 (1): 22-28.

Steele M R, Gitelson A A, Rundquist D C, et al. 2009. Nondestructive estimation of anthocyanin content in grapevine leaves. American Journal of Enology and Viticulture, 60 (1): 87-92.

Steyn W J, Wand S J E, Holcroft D M, et al. 2002. Anthocyanins in vegetative tissues: A proposed unified function in photoprotection. New Phytologist, 155 (3): 349-361.

Suo X M, Jiang Y T, Yang M, et al. 2010. Artificial neural network to predict leaf population chlorophyll content from cotton plant images. Journal of Integrative Agriculture, 9 (1): 38-45.

Thomas J R, Namken L N, Oerther G F, et al. 1971. Estimating leaf water content by reflectance measurements. Agronomy Journal, 63 (6): 845-847.

Trigg S, Flasse S. 2000. Characterizing the spectral-temporal response of burned savannah using in situ spectroradiometry and infrared thermometry. International Journal of Remote Sensing, 21 (16): 3161-3168.

Tsai F, Philpot W. 1998. Derivative analysis of hyperspectral data. Remote Sensing of Environment, 66 (1): 41-51.

Uddling J, Gelangalfredsson J, Piikki K, et al. 2007. Evaluating the relationship between leaf chlorophyll concentration and SPAD-502 chlorophyll meter readings. Photosynthesis Research, 91 (1): 37-46.

Vogelmann J E, Rock B N, Moss D M. 1993. Red edge spectral measurements from sugar maple leaves. International Journal of Remote Sensing, 14 (8): 1563-1575.

Wang F M, Huang J F, Tang Y L, et al. 2007. New vegetation index and its application in estimating leaf area index of rice. Rice Science, 14 (3): 195-203.

Wu J, Wang D, Bauer M E. 2007. Assessing broadband vegetation indices and QuickBird data in estimating leaf area index of corn and potato canopies. Field Crops Research, 102 (1): 33-42.

Wu X, Zhang W Z, Lu J F, et al. 2016. Study on visual identification of corn seeds based on hyperspectral imaging technology. Spectroscopy and Spectral Analysis, 36 (2): 511.

Yoder B J, Pettigrew-Crosby R E. 1995. Predicting nitrogen and chlorophyll content and concentrations from reflectance spectra (400-2500 nm) at leaf and canopy scales. Remote Sensing of Environment, 53 (3): 199-211.

Zhang D Y, Wang X, Ma W, et al. 2012. Research vertical distribution of chlorophyll content of wheat leaves using imaging hyperspectra. Intelligent Automation and Soft Computing, 18 (8): 1111-1120.